RECHERCHES

SUR

L'INSTABILITÉ DES CONTINENTS

ET DU NIVEAU DES MERS

PAR

JULES GIRARD

MEMBRE DE LA SOCIÉTÉ DE GÉOGRAPHIE

PARIS

ERNEST LEROUX, ÉDITEUR

28, rue Bonaparte, 28

1886

RECHERCHES

SUR

L'INSTABILITÉ DES CONTINENTS

ANGERS, IMP. BURDIN ET Cie, 4, RUE GARNIER.

RECHERCHES

SUR

L'INSTABILITÉ DES CONTINENTS

ET DU NIVEAU DES MERS

PAR

JULES GIRARD

MEMBRE DE LA SOCIÉTÉ DE GÉOGRAPHIE

PARIS

ERNEST LEROUX, ÉDITEUR

28, rue Bonaparte, 28

1886

RECHERCHES

SUR

L'INSTABILITÉ DES CONTINENTS

ET DU NIVEAU DES MERS

I

LES RELIEFS DU SOL

Le présent de la terre est une conséquence de son passé. — Rien n'est stable sur notre planète, l'ordre de la nature le veut ainsi. L'écorce de la terre est sans cesse modifiée par deux sortes d'agents : les uns intérieurs, les autres extérieurs ; le relief en est la résultante. Certains géologues l'attribuent avant tout aux agents intérieurs, en faisant intervenir un temps très court dans les différents cataclysmes et phénomènes géologiques qu'on observe à notre époque, tandis que les autres se bornent à ces mêmes phénomènes reproduits dans des temps très longs. A cette dernière école appartiennent Ch. Lyell, C. Prevost, Ramsay, etc.

Chaque tranchée nous démontre cette instabilité de la surface de la terre, en laissant à découvert les traces du passage des eaux marines au milieu des continents ; chaque entaille prouve que les terrains, dont la constitution est si variée, se sont élevés pendant que les grands bassins des Océans se sont affaissés ; il en est donc résulté que le modèle superficiel consiste en une série de plissements dépendants les uns des autres et produits pendant des temps d'une durée incalculable ; ces alternatives expliquent la formation des roches, la superposition des couches sédimentaires, et même les intermittences d'émersion et d'immersion. « Le seul fait que les couches émergées sont d'origine marine, montre qu'elles doivent leur position actuelle à quelque désordre survenu dans le globe. Mais quand on examine en détail les formations sédimentaires, on reconnaît qu'elles représentent une merveilleuse chronologie des mouvements longs, répétés et extrêmement complexes de la croûte terrestre. Elles font voir que l'histoire de chaque partie est pleine d'événements, et qu'en un mot, il existe à peine une parcelle qui soit parvenue à sa condition présente, sans avoir traversé une série sans fin de révolutions géologiques[1]. »

Le refroidissement du globe, que l'on suppose incandescent à l'origine, provoquant des ruptures et des contractions, a fait surgir la masse intérieure dans certains endroits à l'état de fusion pâteuse, laissant des bourrelets à travers les plaines ; ainsi se sont soulevées les montagnes. A la suite des mouvements lents ou brusques, les eaux de la mer ont été obligées de se répandre dans de nouveaux bassins, entraînant avec elles des détritus de toute nature. A une autre époque, les matières qu'elles contiennent se déposent avec une lenteur infinie, de manière à constituer les vastes assises sédimentaires, qui recouvrent maintenant les dislocations antérieures. Après bien des siècles, d'autres mouvements, étendus à d'autres directions, exhaussent l'ancien fond des mers ; des continents nouveaux émergent par de gigantesques

1. Arch. Geikie, *Geog. Evolutions.* (*Proceedings of the Royal Society*, 1879.)

mouvements d'oscillation; ils se peuplent peu à peu d'êtres vivants nouveaux, jusqu'à ce que le sol qui les porte soit pareillement modifié dans une autre période.

Notions historiques sur les transformations du sol. — Les anciens avaient une connaissance confuse des révolutions de la terre, puisque les cosmogonies indiennes, juives et arabes en font mention. Ils supposaient que le changement du niveau de la terre, et par suite des mers, était l'œuvre d'un jour et concordait avec une transformation générale du globe. La tradition biblique du déluge, conservée dans l'histoire des Chaldéens, y est désignée sous le nom de : Période des inondations. Elle a été retrouvée par Smith sur une tablette d'une inscription cunéiforme découverte dans les ruines de Ninive et conservée au British-Museum.

Tous les récits et commentaires anciens traitent d'une manière aussi confuse que fantaisiste les révolutions de la terre. Dans leurs traditions primitives, les sauvages de l'Amérique considèrent la terre comme « fille de l'Océan. » D'anciens manuscrits chinois et indous se livrent à des commentaires qui s'égarent dans le domaine de la fable. Les érudits arabes du xe siècle, observateurs consciencieux, ont admis les alternatives d'émersion et de submersion des continents. Omar-el-Aalem dit, dans son manuscrit *El Jezr*, « qu'il s'est produit de fréquents changements dans le niveau de la Méditerranée. »

Les philosophes grecs ont reconnu l'évidence de l'affaissement et des soulèvements qu'ils attribuaient uniquement aux éruptions volcaniques et aux tremblements de terre. Anaximène disait, cinq siècles avant notre ère : « Dans le sein de la terre tombent des débris détachés d'elle-même. Les causes internes de détachement ne manquent pas, comme dans les vieux édifices. Il arrive alors à certaines parties d'ébranler ce qui est au-dessous d'elles ; d'abord en se détachant, ensuite lorsqu'elles se précipitent en rebondissant sur les roches inférieures. Si ces débris tombent dans une eau stagnante, leur chute doit réagir sur tous les lieux voisins par la secousse que donne aux eaux un énorme poids descendant tout à coup d'une grande hauteur. » Strabon ne fit pas de théorie particulière, il se borna à commenter celles de ses prédécesseurs; il indiqua un peu confusément les mouvements lents du sol, comme étant une des causes principales des transformations; il s'appuyait sur les traces du passage des eaux marines à différentes hauteurs. Aristote avait aussi remarqué que « la terre s'était modifiée avec le temps, et qu'elle ne présentait pas toujours les mêmes aspects. »

Ovide proclame, d'après Pythagore, la doctrine des alternatives d'émersion et de submersion :

> Vidi ego quod fuerat quondam solidissima tellus
> Esse fretum, vidi fractas ex æquore terras
> Et procul a pelago conchæ jacuere marinæ
> Et vetus inventa est in montibus aret arenis
> Quæque sitim tulerant stagnata paludibus hument.
> (*Métamorphoses*, XV.)

Pline décrit ces phénomènes qu'il rattache aux éruptions volcaniques, car il avait suivi les péripéties de celles de l'Archipel. Décrivant l'île de Rhodes et celle de Délos, il dit qu'elles sont nées dans les flots [1]. Il mentionne l'apparition des îles d'Anaphé, de Melos, de Nea, entre Lemnos et l'Hellespont, d'Alone,

1. Livre II, chapitres XVIII et XIX.

entre Lesbos et Théos, de Thera et de Therasia au milieu des Cyclades, de Hiera et d'Automaté situées entre les deux précédentes et formées cent trente ans plus tard.

Platon décrivit un grand continent désigné sous le nom d'Atlantide ou pays des Atlantes, situé au delà des colonnes d'Hercule, qui se serait effondré sous les eaux; cette description ne repose du reste que sur un fragment de texte. Elle a été commentée sans avoir pu être même partiellement confirmée; aussi elle a été considérée comme un roman philosophique. Les sondages opérés dans ces dernières années ont révélé des profondeurs de deux mille et trois mille mètres à l'endroit où cette terre aurait existé.

Les érudits du moyen âge se contentèrent d'épiloguer sur les textes bibliques et de commenter les interprétations, sans s'occuper d'une méthode expérimentale. Au XVIIe siècle, les auteurs italiens s'engagent dans des controverses sans fin, au sujet de la création et du déluge. Mais, au siècle suivant, la géologie prend naissance. En 1749, les travaux de Linné et de Celsius jettent un jour nouveau sur la physique du globe, et sont le point de départ de toutes les observations sur les mouvements du sol. En 1777, Pallas attribue les soulèvements des montagnes aux phénomènes volcaniques; en 1802, Playfair prépare l'hypothèse des mouvements lents, et, en 1830, Ch. Lyell ouvre un horizon nouveau par ses larges vues sur ce sujet. Depuis, de nombreux auteurs contemporains ont apporté leur contingent d'observations et de recherches sur cette question de haut intérêt pour la géologie.

La configuration des continents est le résultat d'effets dynamiques. — La terre n'a pas toujours eu la physionomie que nous voyons; à une époque reculée au delà des limites que peut atteindre l'imagination, les matières qui la composaient étaient à l'état gazeux; cette hypothèse a été basée sur des calculs astronomiques indiquant que la terre n'a pris la forme actuelle que parce qu'elle était primitivement à l'état fluide. Les tremblements de terre et les mouvements lents du sol induisent à supposer que l'intérieur du globe conserve encore une sorte de fluidité ignée; la croûte solide achèverait de se former aussi bien de nos jours qu'aux époques antérieures;

elle serait même très mince, par rapport au noyau central, où la chaleur serait assez forte pour fondre les roches les plus dures. Cette hypothèse du feu central, tantôt admise, tantôt rejetée, est nécessaire dans une certaine limite à explication des phénomènes ignés et sïsmiques. On a voulu concilier les divergences d'opinion, en admettant qu'il existe seulement des espaces incandescents répartis sur divers points et separés par des roches plus solides. Ce sont de simples probabilités, car il est impossible de savoir si les matériaux qui composent l'intérieur de la terre peuvent être convertis en roches, et si l'accroissement de température que l'on constate dans les mines est un indice certain du feu central.

Il n'en existe pas moins de grandes forces qui ont contribué à onduler la surface de la terre ; il en est résulté deux effets : le terrain igné, dû à l'activité incandescente des profondeurs, qui a une tendance à la poussée de bas en haut et le terrain stratifié, conséquence directe de l'action des eaux, qui est formé horizontalement. De l'interférence de la force horizontale et de la force verticale, il est résulté une foule de déformations complexes, dans lesquelles il faut encore faire intervenir la résistance du sol, le refroidissement et l'action des agents extérieurs. Il s'ensuit que chaque région a un caractère spécial. Chaque continent est comparable à une pièce de mosaïque formée de cases distinctes, de dates inégales et dont chacun possède un relief, qui dépend à la fois de sa constitution géologique et du mode d'action des agents atmosphériques[1].

Si l'écorce terrestre était composée d'une matière uniforme et compacte issue d'un seul jet, la surface n'offrirait pas cette infinie multiplicité de bossellements qui se contrarient les uns les autres; elle serait géométriquement dessinée. Mais elle s'est constituée par des séries de soulèvements et d'affaissements, d'où il est résulté des déformations les plus compliquées, s'enchevêtrant les unes dans les autres, témoignages des convulsions subies aux différents âges.

Il existe des régions où l'on distingue la régularité des caractères généraux, suivant lesquels se sont accomplies ces contractions; ainsi les couches du

1. De Lapparent, *Précis de Géologie.*

Jura ont été plissées par des poussées latérales. Dans un grand nombre de terrains, la complication des forces qui ont contribué à former leur relief, est telle qu'on ne saurait reconnaître aucune loi dynamique ; le relief est alors composé ; c'est-à-dire que les forces mises en jeu ont été irrégulières, ou mieux encore, que les pressions ayant été exercées sur des matériaux différents et avec des intensités inappréciables, l'œuvre de la nature a revêtu des formes impossibles à rattacher à la géométrie.

Non seulement la surface terrestre est composée de matériaux peu homogènes, mais l'épaisseur de la partie solide et refroidie nous est inconnue. On a cherché à l'évaluer d'après la progression de la chaleur, méthode cependant reconnue peu exacte ; parmi les différents auteurs qui ont fait des recherches sur ce sujet, citons : Cordier, qui suppose que l'enveloppe du noyau central a 120 à 180 kilomètres d'épaisseur ; Studer, qui ne lui en attribue que 35 à 40 ; W. Thompson, qui établit d'après d'autres bases que si la terre avait une résistance comparable à celle de l'acier, les marées et la précession des équinoxes auraient une importance moins grande ; Hopkins qui admet que si le feu central existait dans les proportions qu'on se plaît à lui accorder, la terre serait animée de mouvements périodiques tout différents. M. Faye, utilisant les données de la physique et de la géodésie, a dressé une coupe de l'écorce terrestre et a fixé autant que le permettent les données actuelles de la science et les comparaisons les plus délicates, les variations de son épaisseur. Considérant que les massifs des montagnes ou les vastes bassins des mers n'agissent notablement ni sur la direction, ni sur l'intensité de la pesanteur, il a été amené à conclure que le refroidissement du globe va plus vite et plus profondément sous les mers que sous les continents. Cette loi est basée sur les observations du pendule, qui, comme on sait, revèle une plus forte énergie attractive du globe au-dessus des océans qu'au-dessus des continents. M. Faye est arrivé, par son ingénieuse discussion, à conclure que l'écorce solide de la terre doit être plus épaisse au fond des mers que dans les régions continentales. Les terres émergées pèsent davantage sur le noyau intérieur maintenu à l'état de fusion et produit ainsi des mouvements insensibles de bascule dans les divers fragments de cette surface. Ce sont justement ces mouvements lents qui produisent dans la succession des âges les principaux phénomènes géologiques.

Caractères géométriques dans le modèle du terrain. — A mesure que la surface s'est épaissie, elle n'a point pour cela cessé de se fracturer. Le sol a été traversé en tous sens par de véritables fentes ou *failles*, qui se perdent en profondeur dans les régions inaccessibles; ces joints de rupture ont été remplis par la matière en fusion. Leur direction est dans tous les sens ; mais cependant, en analysant l'ensemble du fendillement, on y reconnaît certains caractères rythmés. A chacun des nombreux systèmes de soulèvement qui ont été reconnus, correspond un système de failles parallèles entre elles et en même temps aux crêtes supérieures des terrains soulevés.

Ces contractions en différents sens ont été soumises à l'expérimentation par M. Daubrée, en se servant d'un ballon en caoutchouc[1]. Quand le ballon se

1. *Bull. de la Soc. de géol.*, 3e série, vol. VII, p. 152.

contracte par suite de la déperdition de l'air, il se produit une sorte de ratatinement, où, au premier abord, on ne distingue aucune loi de régularité, parce que le caoutchouc cède également à toutes les pressions, mais si l'on applique un revêtement gommeux et résistant, cet enduit n'ayant pas les mêmes propriétés, obéit à la contraction et il survient des rides de toutes parts. En enlevant l'enduit, l'expression est encore plus saisissante; il se forme des protubérances entrecoupées de rides, présentant des caractères méthodiques; elles « tendent à se placer normalement aux courbes de l'enduit. » Elles restent même parallèles. Si l'on applique la matière plastique suivant un fuseau de méridien, les rides se dirigent suivant ces parallèles. L'expérience a été faite avec différentes sortes d'enduits et les rides ont sensiblement obéi à une loi de direction normale. Il se produit aussi des centres de contraction où viennent rayonner ces rides.

Quoiqu'il soit nécessaire de faire intervenir dans le sphéroïde terrestre la pesanteur et l'attraction, il existe cependant une certaine analogie dans les effets produits sur le relief du sol et gravés sur l'écorce terrestre. L'inspection de quelques profils semble indiquer que le modèle se comporte comme s'il était le résultat du ridement d'une surface flexible obligée de se rétrécir pour s'appliquer exactement sur un noyau de moins en moins volumineux. « L'enveloppe est alors obligée de se replier sur elle-même en formant côte à côte, sur une certaine longueur, un bourrelet et une ride rentrante qui doivent offrir l'un et l'autre tous les effets du refoulement horizontal dans lequel se résume le travail d'une voûte mal soutenue. » Quand le mouvement ne s'est pas résolu en faille, il y a ploiement.

Pour accuser davantage le principe de ridement, « on n'a qu'à tracer à la suite du trait plus ou moins incliné qui figure le versant continental, une ligne horizontale, ou mieux de très faible inclinaison, représentant la plaine adjacente dont le relief d'une montagne se détache presque toujours nettement, même du côté où il est le moins accentué[1]. » Ce caractère est évident dans la dépression sous-marine qui s'étend le long de la chaîne Scandinave.

1. M. B. de Chancourtois, *Bull. de la Soc. de géol.*, 3e série, tome VII, p. 353.

D'après Dana, les continents auraient en principe des côtes montagneuses sur les rives et un intérieur plat ou en forme de bassin; de plus le bord continental le plus élevé serait généralement celui qui fait face à l'Océan le plus étendu. Ainsi la Cordillère des Andes s'élève en face du Pacifique, la chaîne Scandinave fait face à la mer du Nord. D'après les sondages exécutés dans ces dernières années, on a remarqué dans l'orographie sous-marine que les grandes profondeurs océaniques sont concentrées dans le voisinage des côtes élevées des continents : elles sont la contrepartie des reliefs continentaux. Suivant M. de Lapparent[1], une dépression océanique comporte deux versants inégaux : l'un doucement incliné, se relevant lentement vers la haute mer ; l'autre abrupt, faisant continuité sur le versant de la côte montagneuse. Les Alpes viennent buter par leur versant méridional, très abrupt, contre les plaines basses de la Lombardie, qui seules les séparent de la Méditerranée, tandis que leur versant septentrional, très accidenté d'abord,

1. *Bull. de la Soc. de géol.*, tome VII.

se résout ensuite dans les hautes plaines de l'Allemagne avant d'atteindre la mer du Nord et la Baltique. Ces lois des grands traits du relief avaient été aperçues dans le principe par Élie de Beaumont.

Rapports entre le relief et les cassures dans les terrains stratifiés. — Indices généraux du soulèvement. — Quand un soulèvement ou un mouvement quelconque se manifeste dans un terrain homogène et compact, tel que les assises calcaires, il doit avoir pour conséquence de déterminer des joints de rupture dans cette masse rigide. Si par la pensée on dépouillait les assises sur une certaine étendue, on y observerait tout un système de cassures ou « Lithoclases », dans lequel on retrouverait gravé des indices de la direction et de l'intensité du soulèvement du sol; elles sont « les conséquences directes des actions mécaniques subies par les grandes masses qu'elles traversent et dans toutes les parties desquelles elles se sont répercutées, d'une manière semblable à ce que l'on voit dans les expériences[1]. » Or,

1. M. Daubrée, *Bull. de la Soc. de géol.*, 3e série, t. VIII, p. 481.

la géologie expérimentale a démontré que les déformations lentes et les efforts graduels, lorsqu'ils ont suffisamment dépassé les limites d'élasticité des roches sur lesquelles il s'exercent, peuvent aboutir à des systèmes de fractures produites brusquement et présentant un caractère de parallélisme évident et d'autres ressemblances avec des cassures naturelles très fréquentes dans l'écorce terrestre [1]. Lorsque les couches sont restées à peu près horizontales, sans qu'on y remarque des failles proprement dites, l'influence des cassures se manifeste superficiellement par des séries de lignes parallèles répétées de toutes parts, en se groupant sur des orientations distinctes; ce sont aussi des coupes brusques souvent rectangulaires dans la direction des vallées; sur les cartes topographiques soigneusement exécutées, ces caractères présentent parfois une évidence frappante.

La recherche des cassures est difficile, puisqu'elles se trouvent recouvertes par les alluvions et détériorées par les érosions; il faut se contenter de les exa-

1. M. Daubrée, *Études synthétiques de Géol. expérimentale*, p. 348.

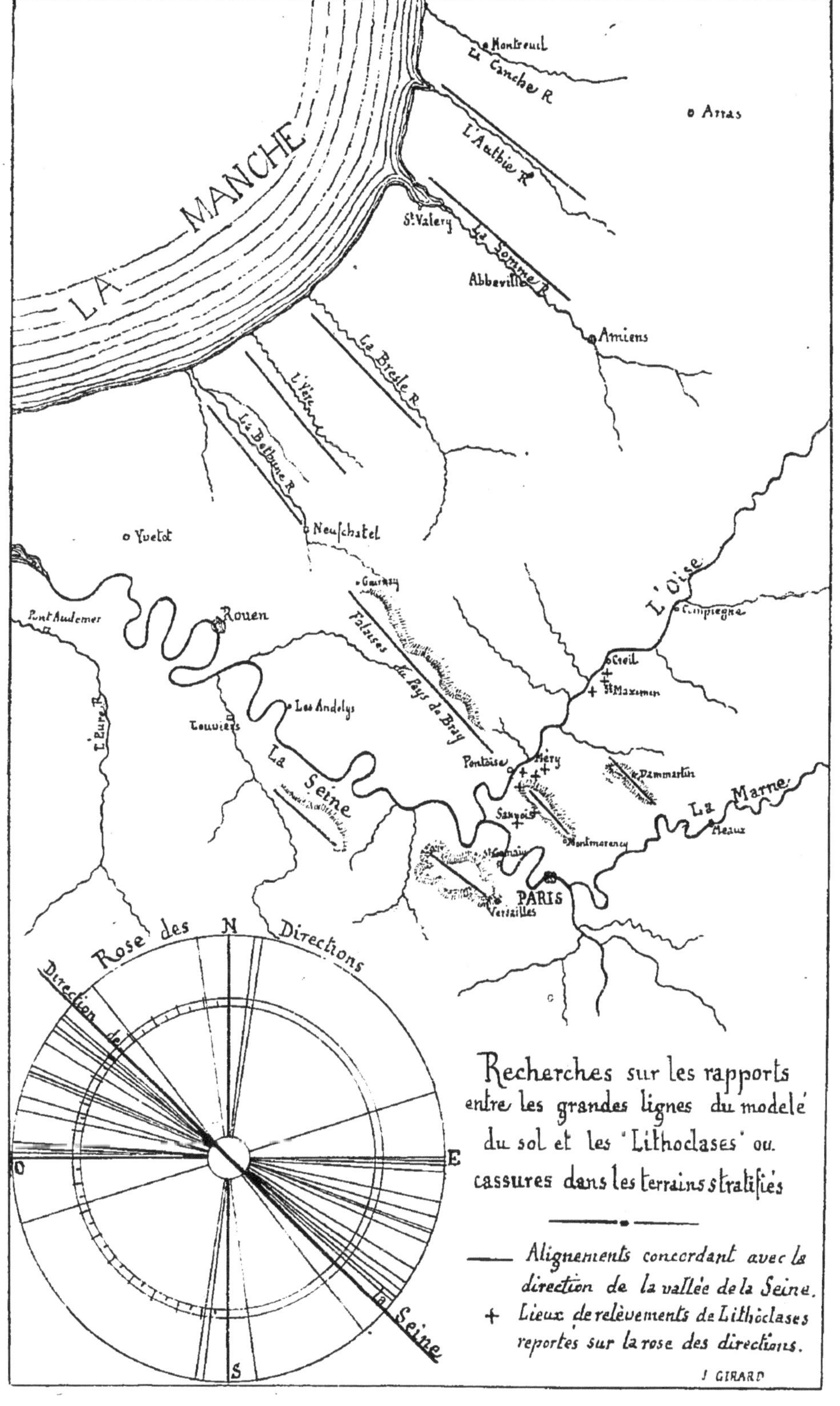
LA MANCHE
Montreuil
La Canche R
Arras
L'Authie R
St Valery
La Somme R
Abbeville
Amiens
La Bresle R
L'Yère
La Bethune R
Neufchatel
Yvetot
Gournay
Falaises du Pays de Bray
Pont Audemer
Rouen
L'Eure R
Louviers
Les Andelys
La Seine
L'Oise
Compiegne
Creil
St Maximin
Pontoise
Dammartin
La Marne
Meaux
Sannois
Montmorency
St Germain
PARIS
Versailles
Rose des Directions
N
E
O
S
Direction de la Seine
Recherches sur les rapports entre les grandes lignes du modelé du sol et les "Lithoclases" ou cassures dans les terrains stratifiés
Alignements concordant avec la direction de la vallée de la Seine.
+ Lieux de relèvements de Lithoclases reportés sur la rose des directions.
J. GIRARD

miner dans les carrières ouvertes pour l'extraction des matériaux de construction. Nous avons mis à profit les nombreuses exploitations groupées sur la rive droite de l'Oise pour y entreprendre cet examen. Dans huit stations principales, auxquelles il faut ajouter douze autres stations moins favorables, plus de cent directions de cassures bien apparentes ont été relevées à la boussole; toutes celles qui ne présentaient pas au moins dix à douze mètres de long ont été négligés. Tous ces relèvements ont ensuite été réunis par séries correspondantes et rapportés sur une rose diagramme placée sur la carte ci-jointe, pour être mise plus directement en rapport avec les grandes lignes du relief du bassin de la Seine. Le plus grand nombre des directions offre un parallélisme sensible avec l'alignement de la vallée de la Seine qui est orienté nord-ouest et sud-est. Ces cassures n'ont pas de rapport avec celui de la vallée de l'Oise, qui est une vallée d'érosion. Ces indices retrouvés dans le sol concordent dans leur parallélisme avec les principaux alignements du bassin crétacé anglo-parisien; ainsi les falaises du pays de Bray, qui s'étendent de Neufchâtel jusqu'à Noailles et les collines de la rive gauche de la Seine affectent les mêmes directions. D'un autre côté, les vallées de la Somme, de l'Authie, de la Bresle, de l'Yères, de la Béthune sont parallèles entre elles et à la vallée de la Seine. L'influence topographique des cassures se produit donc sur une grande échelle; l'orientation des vallées s'accorde avec celle de ces cassures, qui se sont manifestées au moment du soulèvement et du déploiement des terrains stratifiés sur lesquelles elles reposent.

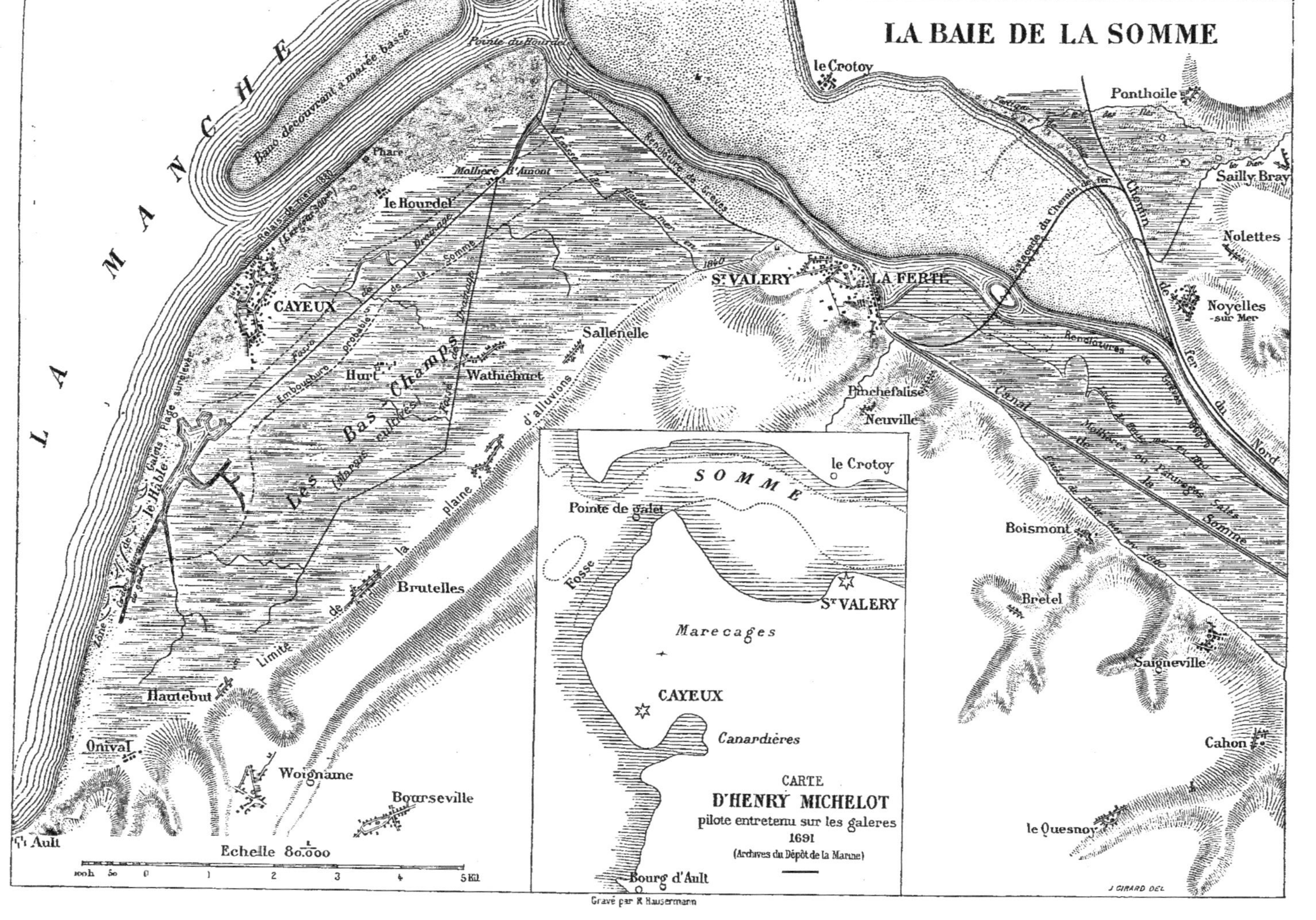
LA BAIE DE LA SOMME
LA MANCHE
Banc découvrant à marée basse
Pointe du Hourdel
le Crotoy
Ponthoile
Sailly Bray
Nolettes
Noyelles sur Mer
Chemin de fer du Nord
Phare
Mollière d'Amont
le Hourdel
CAYEUX
Hurt
Wathiéhurt
Les Bas Champs
Sallenelle
St VALERY
LA FERTÉ
Pinchefalise
Neuville
Canal de la Somme
Boismont
Bretel
Saigneville
Cahon
le Quesnoy
Brutelles
Limite de la plaine d'alluvions
le Hâble
Hautebut
Onival
Woignarue
Bourseville
Ault
Echelle $\frac{1}{80.000}$
100h 50 0 1 2 3 4 5 Kil
SOMME
le Crotoy
Pointe de galet
Fosse
St VALERY
Marecages
CAYEUX
Canardières
CARTE
D'HENRY MICHELOT
pilote entretenu sur les galeres
1691
(Archives du Dépôt de la Marine)
Bourg d'Ault
Gravé par R. Hausermann
J. GIRARD DEL

II

DIFFÉRENCE ENTRE LES MOUVEMENTS DU SOL ET LES TRANSFORMATIONS LITTORALES

Interprétations des faits observés. — Au bord de la mer, le sol est sans cesse remanié par le mouvement perpétuel des eaux; les flots et les courants démolissent, pour reconstruire plus loin les rivages auxquels ils livrent leurs assauts. Il en résulte que les côtes portent de nombreuses traces de modifications qui, comparées au niveau de la mer, semblent, au premier abord, indiquer une dénivellation du terrain. Les cordons littoraux abandonnés loin de la limite atteinte par la mer, les bancs de coquillages relégués dans l'intérieur, les baies comblées par les alluvions, les estuaires modifiés par l'amoncellement des vases, les constructions élevées par la main des hommes près de la mer et actuellement éloignées, des passages où l'eau devient moins profonde, sont autant d'indications favorables à l'idée de soulèvement. La formation d'estuaires graduellement augmentés, la présence de bois fossiles dans le sable des plages, des traces de constructions submergées, l'inondation des marais littoraux, seraient d'autre part des signes de submersion.

Si les mouvements du sol se combinent quelquefois avec les modifications littorales, celles-ci donnent lieu aussi à de fausses interprétations; elles sont le résultat d'évolutions produites par les mouvements de la mer, qu'on peut analyser, tandis que les mouvements du sol sont le résultat de forces occultes, pour lesquelles le niveau de la mer ne fournit pas toujours un repère exact.

Les effets de transformations sont plutôt locaux que généraux; ils se succèdent souvent sur une même côte et à très petite distance; de plus, ils s'opèrent avec lenteur. A mesure que les sédiments se déposent, ils changent le régime des marées et par conséquent provoquent des érosions nouvelles. Ce que la mer détruit d'un côté par les érosions, elle le transporte plus loin, en formant des plages nouvelles. Le cube des remblais égale celui des déblais;

d'où il résulte, selon des circonstances trop complexes pour être analysées toutes, que les côtes sont perpétuellement remaniées.

Les Érosions. — Quand la mer détruit une côte où se trouvent des couches inclinées renfermant des galets, elle découvre des vestiges anciens qu'on a souvent interprétés comme une indication de soulèvement du rivage. L'assise, ainsi mise en évidence par l'érosion, a été déposée à une époque très reculée, à laquelle le niveau de la mer était différent de celui qu'il occupe. On ne saurait donc considérer ces exemples, très fréquents sur les côtes de l'Océan, comme des indications exactes de soulèvement; ils se rapportent à une époque reculée, trop indéterminée pour établir une comparaison.

Les courants font souvent disparaître des bancs de sable et même des îlots, quand ils se combinent avec le cylindrage des vagues; les chenaux se creusent, les reliefs du sol sous-marin sont transformés par l'érosion, sans qu'il se soit produit d'affaissement. Cette évolution atteint des proportions considérables sur les côtes basses où la limite de la mer est incertaine. Sur les côtes du Danemark, les bancs de sable et les îles basses ont été emportés par les érosions ; il suffit d'une forte marée combinée avec un vent violent pour changer la physionomie des déserts de sable alternativement envahis par les eaux et desséchés par le soleil.

Ces effets se produisent dans de grandes proportions à l'île d'Héligoland, qui est en train de disparaître.

En l'an 800, cette île n'avait pas moins de 190 à 200 kilomètres de tour ; en l'an 1300, elle n'en avait plus que 72 ; en 1649, son contour se réduisait à 6,500 mètres ; en 1702, il existait encore des champs fertiles et des pâturages sur les falaises. Actuellement, ce n'est plus qu'un îlot de 1,400 hectares. C'est d'un seul côté que la destruction s'opère ; sur le rivage septentrional, la mer a gagné près de 5 kilomètres depuis la période historique, tandis qu'au sud-ouest, elle ne s'est avancée que de 1,500 mètres[1]. On pourrait donc déterminer l'époque où l'île n'existera plus ; sa disparition sera due à l'éro-

1. Dumas-Vence, *Notice sur les côtes de la Manche*, etc., 1876, d'après Bruzen de la Martinière, *Grand Dictionnaire géographique*.

sion, sans qu'il soit nécessaire de faire intervenir un mouvement du sol.

Les plages surélevées et les cordons littoraux. — En refoulant les sables et les galets sur une plage faiblement inclinée, la mer forme un bourrelet

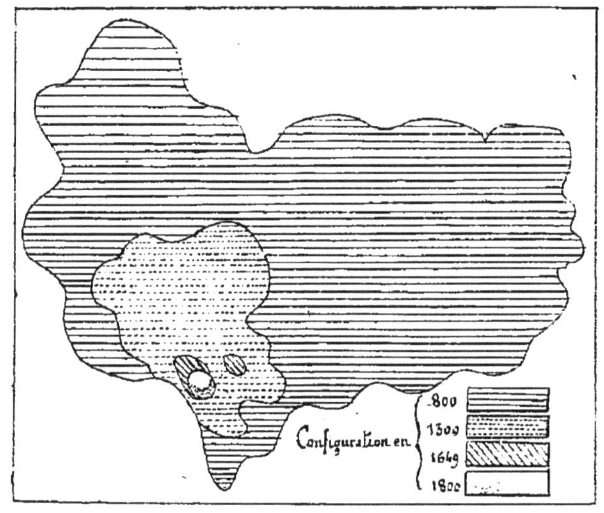

Contours successifs de l'île d'Héligoland, détruite par les érosions, d'après la carte de J. Mejerns.

insensible au début, mais qui s'augmente ensuite sous l'action toujours répétée du même mouvement et s'étend sur une longueur quelquefois considérable. Les cordons littoraux ont été nommés « les moraines de la mer ; » ils sont en effet un témoignage des limites extrêmes qu'elle atteint.

Supposons le sol d'une plage faiblement inclinée AB, et le niveau de la mer en CD. Quand une vague arrive du large, elle se trouve lancée avec violence dans l'espace CAD, et s'épanouit en DB.

Plage avec anciens cordons littoraux.

Pendant un moment, dans toute l'étendue comprise entre le sol émergé et un point tel que E, la vitesse des molécules liquides n'étant plus suffisante pour maintenir en suspension les galets que le flot a amenés du large, ceux-ci se déposent en E. La saillie augmente et elle atteint le niveau de la mer ; les eaux ne peuvent plus la dépasser ; ce cordon se trouve régularisé dans un second travail par les courants littoraux et il forme définitivement digue en E'.

Les doubles cordons littoraux donnent lieu à cette objection : si rien dans l'intervalle de formation n'a été changé dans la position respective des eaux et de la plage, le premier cordon s'augmenterait sans

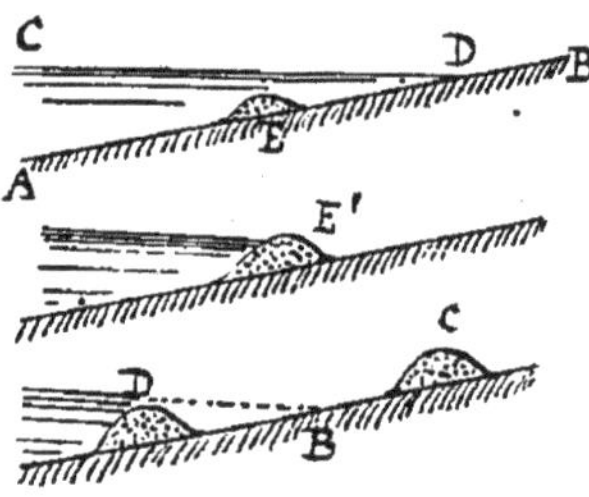

être accompagné d'un autre cordon inférieur ou supérieur, résultant aussi quelquefois du déplacement du premier. On a fait intervenir un mouvement du sol, qui se soulève en C d'une quantité suffisante pour faire reculer le niveau de la mer en B, puis reste stationnaire jusqu'à ce qu'un nouveau cordon se reconstitue en D pendant une période de repos[1]. Il faut remarquer, que dans les tempêtes les vagues sont lancées avec violence sur les plages

1. Ch. de Cossigny, *Corrélations entre les oscillations du sol et la configuration des côtes.* (*Bull. de la Soc. de géol.*, 3e série, t. III, p. 358.)

inclinées et qu'elles entraînent jusqu'à l'extrémité de leur course les matériaux du cordon; celui-ci se trouve toujours au-dessus du niveau des plus hautes mers. Ainsi près d'un estuaire où la marée pénètre tranquillement, les digues de sable et de galet limitant les plages voisines, ont leur sommet plus élevé que le niveau maximum de cet estuaire ou bassin naturel. Les cordons multiples sont l'expression de phases successives d'activité maxima des mouvements des ondes.

Selon ces mouvements, ils restent isolés ou s'accumulent. Sur les côtes du golfe du Lion, aux environs d'Aigues-Mortes on distingue parfaitement quatre cordons parallèles nettement tracés. Le sol n'a pas éprouvé de mouvements, puisque les étangs voisins de cette ville ont conservé le niveau qu'ils avaient au temps de saint Louis; les courants apportant les alluvions du Rhône, joints aux mouvements de la mer, ont été les seuls agents de cette formation.

Les cordons accumulés finissent par transformer en vastes plaines les abords des estuaires; telle a été la plaine de Bas-Champ, à l'embouchure de la

Somme. (Voy. la carte p. 24 et 25.) Elle est, avec le Marquenterre et la plaine de l'Heure, le résultat de l'érosion des falaises de la Manche. La grande ondulation de la marée venant de l'Atlantique et pénétrant dans la Manche frappe directement la côte de Haute-Normandie au cap d'Antifer, où elle se divise en deux branches; l'une continue jusqu'aux bouches de l'Escaut, l'autre reflue dans la Seine. Les matériaux arrachés aux falaises sont répartis proportionnellement de part et d'autre par ces deux courants. Le développement de la côte à partir du cap d'Antifer est de 24 kilomètres du côté de la Seine et de 116 du côté de la Somme. Le rapport de ces deux nombres est celui d'un à cinq et doit se rapprocher de celui des terres éboulées en aval et en amont du cap d'Antifer. Dans cette évaluation, la plaine de l'Heure figure pour 1,800 hectares, le territoire de Bas-Champs pour 4,500 et celui de Marquenterre, situé au delà de la Somme pour 20,000. Ces territoires ont été formés avec les matériaux arrachés aux falaises.

Sur le rivage de la plaine de Bas-Champs, au-dessus du niveau atteint maintenant par les hautes mers, il existe de nombreux cordons de galets, situés derrière une haute digue de mêmes matériaux, édifiée par la mer dans ces dernières années. Tous ces cordons conservent le modelé que leur ont donné les tempêtes; en certains endroits, ils sont assez multipliés pour figurer les vagues d'une mer

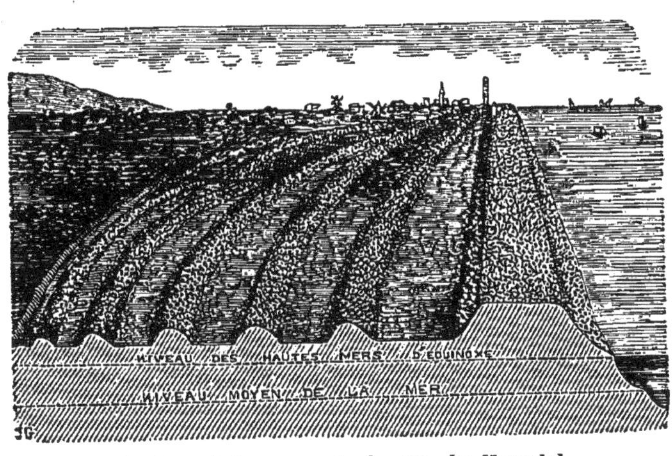

Cordons littoraux près du cap du Hourdel.

solidifiée; leur courbure, se rejetant, tantôt d'un côté, tantôt d'un autre, est une image stéréotypée de l'activité du mouvement des ondes; leur hauteur variant de 20 centimètres à deux mètres, laisse des vallonnements intermédiaires. Au cap du Hourdel, que les galets ne dépassent jamais, l'accumulation des bancs est telle que le rivage gagne de plusieurs mètres par an. Cayeux, bâti sur le bord de la plage, en est maintenant tellement éloigné qu'on construit une ville nouvelle sur les nouveaux relais de mer. Toute cette plaine de Bas-Champs est due aux remblais opérés par la mer; son niveau correspond au point extrême atteint par les marées; elle a conservé une parfaite planimétrie, indice de la stabilité du sol, qui ne peut être mise en doute.

Endiguements naturels. — Quand une barre se forme à l'entrée d'un golfe et qu'il n'y a pas de courant venant de l'intérieur qui s'oppose à cette obstruction, le golfe est changé en lac littoral ou lagune. Elle a été la cause probable du dessèchement des chotts sahariens, lacs intérieurs communiquant autrefois avec la Méditerranée par l'isthme de Gabès; à l'époque pliocène, ils se prolongeaient jusqu'au Maroc[1]. La Sebka Faroum, l'ancien lac Tritonis des anciens, était un trop-plein de la Méditerranée; les eaux s'épanchaient dans un bassin, d'une profondeur maxima de 25 mètres, s'étendant à l'est et à l'ouest sur une longueur de 630 kilomètres.

1. M. Fuchs.

Les courants combinés avec la marée locale et exceptionnelle de Gabès, ont intercepté la communication avec la mer, en élevant d'abord un cordon plus tard surmonté de dunes atteignant 45 mètres au maximum. Les eaux des lacs intérieurs s'évaporèrent sous le ciel torride de l'Afrique, ne laissant plus qu'une surface lisse, saupoudrée de sel de magnésie, donnant aux chotts l'apparence d'une plaine couverte de gelée blanche.

Le bourrelet littoral barrant l'ancienne ouverture avait d'abord été attribué à un effet de soulèvement; mais les travaux de sondage entrepris dans ces dernières années par M. Roudaire pour le percement de l'isthme de Gabès, ont démontré que jusqu'à la profondeur de 30 mètres, à l'endroit le moins élevé de la digue sablonneuse, le sol n'était composé que de couches de sable de mer. Cette découverte excluait donc toute idée de soulèvement, puisque l'obstruction, commencée d'abord par le mouvement des eaux, s'était augmentée sous l'impulsion du vent qui avait formé les dunes.

Transformations littorales par les alluvions. —

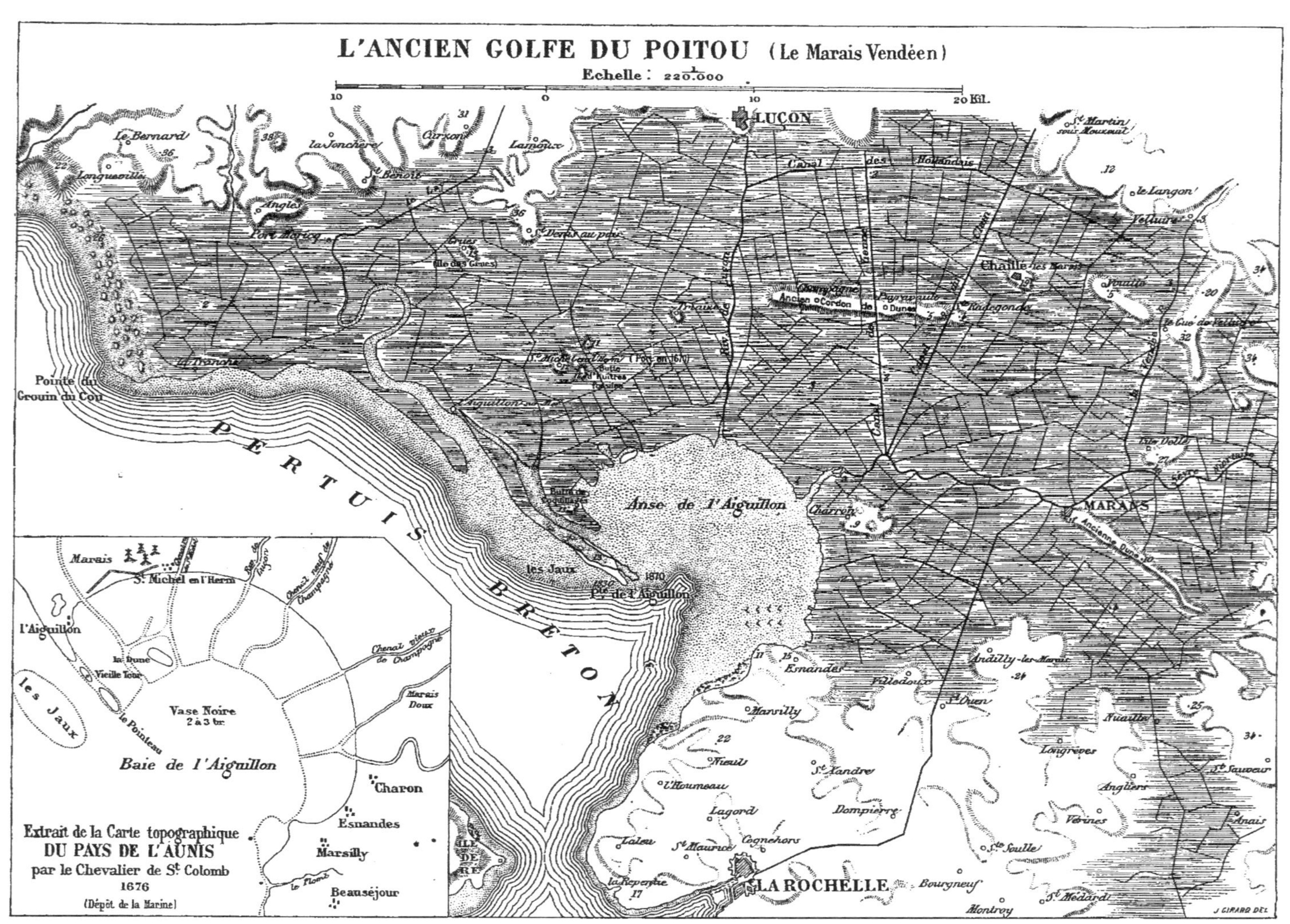

Extrait de la Carte topographique DU PAYS DE L'AUNIS par le Chevalier de St Colomb 1676 (Dépôt de la Marine)

Le mouvement des eaux produit presque toujours, aux embouchures des fleuves, estuaires ou deltas, des transports d'alluvion, d'où résultent des plaines littorales qui s'ajoutent à la terre ferme. On a souvent émis l'hypothèse d'un soulèvement du sol pour expliquer l'augmentation de ces rivages; comme le même fait se représente à l'embouchure de tous les fleuves, dans des circonstances plus ou moins accentuées, il faudrait admettre invariablement les soulèvements. L'hypothèse est inutile, il suffit d'examiner comment la transformation s'accomplit.

Les vases amenées à chaque marée et ensuite abandonnées à la dessication s'accumulent en couches successives finissant par combler les baies, qui paraissent ainsi s'être exhaussées. Un des exemples les plus frappants de nos côtes, se trouve dans le *Marais Vendéen*; il occupe la place de l'ancien golfe du Poitou, dont la baie de l'Aiguillon est le dernier vestige. Le Marais est une immense plaine de 70,000 hectares, composée d'une terre spéciale de nature compacte et agglutinative : le *bri;* elle est élevée de moins d'un mètre au-dessus du niveau de la mer; sa surface régulière est parsemée de nombreuses buttes, qui ne sont autres que d'anciennes dunes, sur lesquelles ont été bâtis, avant le moyen âge, des villages dont l'emplacement est encore conservé aujourd'hui; dès leur fondation, habités probablement par une population de pêcheurs, ils étaient situés dans les lagunes au bord de la mer, tandis que, maintenant, ils sont relégués dans l'intérieur des terres.

Le comblement du golfe est intimement lié au régime des courants des pertuis et à l'action des vents du large : deux agents puissants qui ont opéré le transport des matières meubles. Les vases accumulées proviennent de la Gironde confondues avec les eaux troubles de la Garonne, auxquelles s'ajoutent les différents produits de l'érosion locale. « Ce stock de boues, remué à chaque marée, s'écoule partiellement en jusant et forme dans la mer un courant d'une couleur ocre pâle qui s'étend à une dizaine de milles au large avant de disparaître. Cette disparition est toujours subite ; les eaux vertes apparaissent ensuite. Ce dépôt s'arrête au point de rencontre du courant côtier avec celui de la Manche; il y a là un mouvement tourbillonnant des eaux, qui disperse et renvoie probablement dans les grands fonds la boue qui a cheminé jusque-là... Lorsque la mer est soulevée par le vent et que les lames l'agitent à cinquante mètres de profondeur, la vase y est remuée comme la poussière dans les rues aux approches de l'orage ; cette vase entre avec le flot dans les pertuis et y trouve un calme relatif. Le dépôt s'y opère, et, comme cette vase est un peu agglutinative, qu'elle se contracte au repos, jusqu'à ne tenir, au bout de vingt minutes, que la dix-millième partie de son volume primitif (si la dilution est de 2 grammes de vase sèche par litre d'eau), ce dépôt adhère à celui qui a été précédemment formé. Si le calme se prolonge, le tout acquiert bientôt, sous la pression, la consistance du savon mou [1]. »

A chaque marée une couche impalpable de cette boue se dépose sur les couches précédentes ; ces superpositions finissent par atteindre 75 à 80 centimètres sur la laisse de haute mer pendant le cours d'une année ; cette bande de nouvelle formation s'étendant sur le pourtour d'un golfe, il en résulte

1. M. Bouquet de la Grye, *Conf. à l'Assoc. française*, 1882.

que tous les ans une surface d'environ 30 hectares s'ajoute aux anciennes bandes limoneuses devenues consistantes. On peut donc calculer que l'Anse de l'Aiguillon, qui s'amoindrit progressivement sera comblée, dans trois siècles. Une plaine d'alluvions aura remplacé un golfe qui, d'après Ptolémée, s'étendait jusqu'à l'emplacement de la ville de Niort, ville éloignée aujourd'hui de 35 kilomètres de la mer.

La transformation de l'ancien golfe du Poitou a été expliquée par un soulèvement brusque, auquel on attribue même l'époque du XIe siècle. Il suffit de comparer le présent au passé et de remarquer que les phénomènes actuels ont toujours existé. S'il s'était produit un soulèvement, la planimétrie si rigoureuse du Marais aurait éprouvé des ondulations, les petites rivières de la Sèvre-Niortaise, de la Vendée et autres n'auraient pas continué à déverser leurs eaux à la mer comme par le passé ; des étangs seraient survenus. L'évidence des faits indique qu'une nouvelle assise géologique s'est formée, sans dénivellation du rivage.

Le colmatage naturel. — Le littoral de la Saintonge a été soumis aux mêmes évolutions du mouvement de la mer; elle a nivelé ces plaines basses par les limons desséchés accumulés pendant une série de siècles. Au nord de Rochefort, s'étend une ancienne baie drainée par un réseau de canaux qui déversent leurs eaux près de Brouage; cette baie représente l'estuaire préhistorique de la Charente; l'herbe a poussé sur la vase accumulée, exhaussant peu à peu le sol avec les débris végétaux décomposés, jusqu'au moment où l'homme, anticipant sur les résultats ultérieurs, construisit des digues pour séparer la mer des emprises incomplètement colmatées. Certaines parties abandonnées à elles-mêmes existent encore à l'état de *marais-gâts*, marécages où les roseaux, les mousses et autres végétations aquatiques, sont mélangés aux eaux stagnantes, qui engendrent des fièvres paludéennes.

Le bord de la mer recule sur ces côtes, comme dans les baies de l'Aiguillon. Le port de Brouage est un repère constatant les avancements du rivage; ses murs étaient battus par les flots au XVe et au XVIe siècles, son port recevait directement des navires; aujourd'hui il ne communique plus avec la mer que par un canal d'un kilomètre de long et qui s'envaserait s'il n'était entretenu. Cette malheureuse petite ville, abandonnée à cause de son insalubrité, était jadis, au temps de Richelieu, un port profond, puisque « ses murs portent encore les anneaux où les barques s'amarraient à cette époque ; » aujourd'hui on peut attacher à ces mêmes anneaux les chevaux élevés sur les pâturages qui ont remplacé les grèves d'autrefois.

L'estuaire de la Seudre a été pareillement comblé par les alluvions qui gagnent de proche en proche, conséquence de ces vases mobiles remuées par les tempêtes. Des expériences entreprises sur leur cheminement dans les fonds voisins de l'entrée du port de La Rochelle ont démontré la facilité avec laquelle elles sont transportées[1]. Des boîtes carrées de 30 cent. de côté à la base et de 10 cent. de hauteur, lestées de poids en fonte, ont été immergées à des distances repérées. Après un certain temps d'immersion, elles ont été relevées ; les résultats très variables peuvent ainsi se résumer : 1° Par temps

1. M. Bouquet de la Grye, *Recherches sur le régime des côtes* ; 6e cahier, 1877.

LES ESTUAIRES DE LA CHARENTE ET DE LA SEUDRE
St Vivien
Thairé
Ballon
Ciré de Saintonge
Estuaire préhistorique
de la Charente
Ile d'Aix
les Mannes
Montmeillan
Chatel aillon
(Villes disparues)
Promont. Santonum
Yves
Marais desséchés
Loire
Fouras
St Laurent
de la Prée
St Georges d'Oléron
Ile Madame
Le Vergeroux
Fort Chagnaud
St Pierre d'Oléron
Fort du Pcu
St Nazaire
Soubise
Dolus
St Froult
ROCHEFORT
le Chateau d'Oléron
Hoxe
St Hippolyte
OLÉRON
Platins vaseux
Trizay
Beaugais
St Agnant
Brouage
(ensablé en 1586)
Hiers
St Trojan
Ile
de Marennes
Marais Gâts
Champagne
Bancs
mobiles
MARENNES
St Jean d'Angle
Chenal de St Just
St Just
St Symphorien
PERTUIS DE MAUMUSSON
la Tremblade
Ancien Estuaire de la Seudre
St Sornin de Marennes
Côte d'Arvert
Villages
engloutis
Etangs
Palissades
Ile d'Arvert
Arvert
Etaules
Chaillevette
le Gua (Gué)
Pte de
la Coubre
Les Mathes
Pont au XVIe sle
Mornac
L'Eguille
Forêt
ensablée 1760
Laisse actuelle
Sonde 2.02 (1825)
10.00 (1874)
Bonne Anse
St Augustin sur Mer
St Sulpice de Royan
Saujon
Anchoinne
(ensablée)
LA GIRONDE
Vaux sur Mer
St Palais sur Mer
Médis
Royan
J. GIRARD DEL

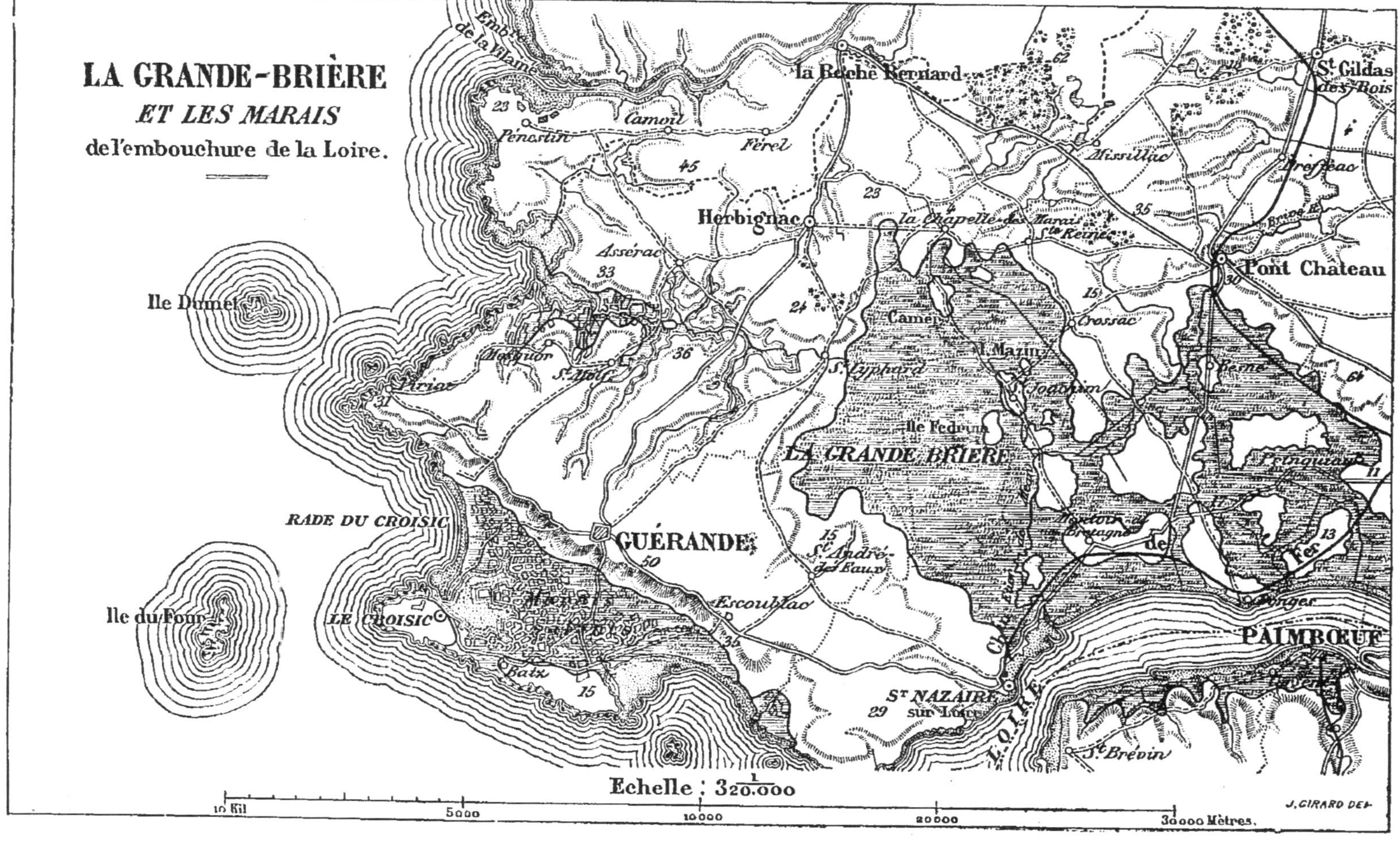
LA GRANDE-BRIÈRE
ET LES MARAIS
de l'embouchure de la Loire.
Ile Dumet
Ile du Four
RADE DU CROISIC
LE CROISIC
Batz
Piriac
Mesquer
Pénestin
Camoil
Férel
Herbignac
Assérac
la Roche Bernard
Missillac
St Gildas des Bois
Pont Chateau
la Chapelle des Marais
Ste Reine
Crossac
St Lyphard
Ile Fedrun
LA GRANDE BRIÈRE
GUÉRANDE
St André des Eaux
Escoublac
St NAZAIRE sur Loire
Montoir de Bretagne
Besné
Donges
PAIMBOEUF
St Brévin
LOIRE
Echelle : $\frac{1}{320.000}$
10 Kil
5000
10000
20000
30000 Mètres.
J. GIRARD DEL

calme, la vase seule voyage et une partie de celle que contient le fond se dépose dans les anfractucsités; 2° par gros temps, ce n'est plus la couche superficielle seule de la vase fluide qui est mise en suspension par les vagues et transportée, mais le *mollin* est fouillé sur une épaisseur variant de 30 à 40 centimètres.

L'estuaire de la Loire, autrefois beaucoup plus important qu'il n'est maintenant, a été comblé de la même manière; au commencement de la période historique il s'étendait à la place qu'occupent les marais de la Grande-Brière.

Les mouvements rythmés et complexes des eaux de la mer peuvent donc, dans bien des circonstances, changer la physionomie du littoral, détruire d'un côté et reconstituer de nouvelles terres plus loin, regagner ce qui est perdu ailleurs, sans qu'il y ait eu de modifications dans le niveau du sol.

Indications fictives. — Les rivages sont principalement détruits à leur partie moyenne où les eaux sont le plus agitées; en même temps l'atmosphère modifie la partie émergée. Il en résulte des effets de glissement, d'affaissement et d'éboulement.

Ce travail des flots laisse des traces qui sont quelquefois acceptées comme des repères naturels certains. Cependant les marques gravées par les eaux elles-mêmes, n'ont de caractère authentique que si elles sont comparées entre elles; sur toute côte soumise aux alternatives des marées, il suffit d'obstructions telles que des bancs de sable, des endiguements naturels ou l'approfondissement d'un chenal, pour retarder ou accélérer le mouvement des eaux; il en résulte, dans le fond des golfes ou à l'embouchure des rivières, des changements de niveau difficiles à apprécier.

Les vestiges d'anciennes forêts dites sous-marines, tels qu'ils existent sur un grand nombre de points des côtes de France, n'indiquent pas avec certitude un affaissement du sol; car les flots, en battant la rive friable sur laquelle poussaient des arbres, ont affouillé le terrain, ceux-ci sont tombés sur le sable de la grève, où ils ont été ensevelis de la même façon. Pareillement, les substructions mises à jour sur les rivages au-dessous du niveau actuel de la mer, ne présentent d'indications valables que si elles n'ont pas été détruites avant d'être recouvertes par les sables.

Les renseignements obtenus par l'histoire ou des traditions locales ne doivent être acceptés qu'avec réserve, puisque l'interprétation d'un texte ou d'une pensée incorrecte peut facilement induire en erreur. La topographie comparée, appuyée par de bonnes cartes, et les repères demandés à la géologie sont les meilleurs guides dans ces recherches délicates.

III

LES IRRÉGULARITÉS DU NIVEAU DES MERS

L'Équilibre des océans. — La dénivellation de la surface des mers est due aux différences de température et de salure. C'est la densité plus grande de la Méditerranée qui la maintient à un niveau inférieur à celui de l'Atlantique et qui provoque les courants du détroit de Gibraltar.

Les eaux répandues à la surface du globe sont dans une mobilité constante, basée sur les différences de température ; cette mobilité sert à établir le grand système de compensation au moyen duquel elles sont alternativement précipitées au fond et exposées de nouveau à la surface : c'est la circulation verticale. Le mécanisme de la circulation générale océanique réside dans le froid polaire. Les eaux de toute la zone glaciale acquièrent en se refroidissant une grande densité et tombent au fond, étant de suite remplacées par les zones circonvoisines, qui se comportent à leur tour comme les précédentes. Cette quantité d'eau tend à se répartir d'une manière uniforme depuis le pôle jusqu'à l'équateur, et c'est ainsi qu'il s'établit de l'un à l'autre un courant constant d'eaux glaciales ; l'excès de niveau se

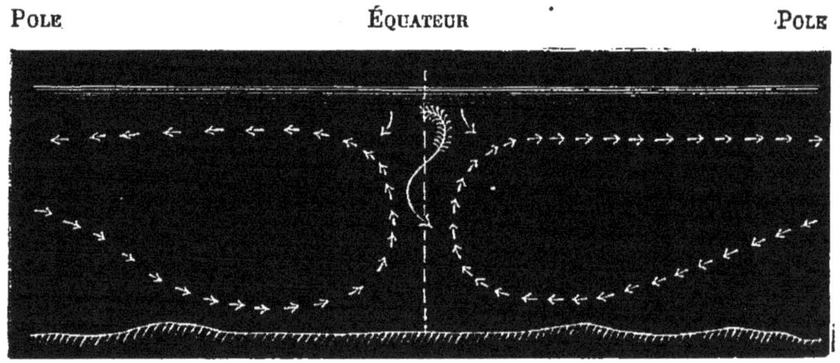

Schema de la circulation des courants généraux à la surface du globe.

reformant au pôle à mesure qu'il s'écoule. Ensuite, pour remplir le vide produit dans la zone glaciale par le mouvement descendant des eaux froides, il se produit nécessairement dans les couches supérieures un immense mouvement descendant de la zone torride.

Ce mouvement serait prouvé : 1° par la prédominance d'une température voisine de 0° dans les endroits les plus profonds des grands bassins océaniques; 2° par la distinction marquée entre la chaleur des couches supérieures et inférieures de l'Atlantique; 3° par l'existence démontrée d'un courant superficiel chaud vers les deux pôles[1].

L'eau pèse plus ou moins selon qu'elle est plus ou moins chaude et plus ou moins salée; si l'on pouvait peser dans la mer deux colonnes de 1,000 mètres de hauteur prises à des endroits différents, on trouverait que la plus lourde correspond au point le plus bas. Mais le degré de salure est contrebalancé par les différences de la température; dans certains endroits, il s'accroît avec la profondeur; dans d'autres il s'accroît sous l'influence de la circulation.

L'équilibre des océans est donc constamment troublé par les phénomènes qui s'y accomplissent; les courants ainsi déterminés accusent eux-mêmes des différences de hauteur, quand ils ne sont pas provoqués par le brisement des lames poussées par le vent.

Les courants sont une preuve du défaut de fixité

1. W. Carpenter, *Mém. sur la Thermodynamie de la circulation océanique*, 1871.

du niveau de la mer, même au milieu des Océans. Ils s'y font sentir quelquefois même d'une façon violente. On considère les *tide-rips*, sorte de bouleversement insolite de la mer, comme étant le résultat de la rencontre de courants opposés. On les observe dans l'Atlantique, près de l'Équateur, principalement dans l'hémisphère nord. La mer gronde alors comme une rivière qui se fraye un chemin à travers les rochers. M. Savy a attribué ces mouvements à l'émersion d'un courant froid. Horsburg[1], citant ce phénomène dans le détroit de Malacca, dit que le bruit est quelquefois tel, qu'on croirait entendre la mer briser sur des écueils. Aussi beaucoup de *vigies* qui défigurent les cartes sont dues à la rencontre de *tide-rips*[2].

Comparaisons du niveau relatif des mers. — Le niveau des eaux océaniques qui entourent le globe avait été considéré jusque dans ces derniers temps comme étant partout uniforme; les différences ne sont pas considérables, mais elles sont fort appréciables. Cette différence est d'environ 1 mètre entre

1. *East India directory.*
2. Ploix et Gaspari. *Météorologie nautique*, 1874.

l'Atlantique, à Aspinwall et le Pacifique, à Panama. Il existe une différence de 1m,06 entre la Méditerranée, à Marseille, et l'Atlantique, à Brest[1]. Entre Marseille et Bayonne, elle n'est que de 0m,856[2]. Avant le percement de l'isthme de Suez, la relation entre le niveau de la mer Rouge et la mer Méditerranée était vivement contestée; les ingénieurs qui accompagnaient Bonaparte en Égypte regardèrent le percement de l'isthme comme impossible sans écluses, à cause d'une différence de 7m,918 qu'ils avaient trouvé entre les deux mers. Ce chiffre fut contesté par Laplace et Fourier, qui, s'appuyant sur les lois de la mécanique céleste, démontrèrent que cette grande surélévation leur paraissait impossible.

Depuis le percement de l'isthme, il s'est formé un courant sensible, favorable à l'entretien du canal, et insignifiant pour la navigation. La différence entre les deux mers existe, mais elle consiste seulement une quantité négligeable dans des rapports aussi étendus.

Une connaissance plus parfaite de l'isthme indique que le niveau actuel est tout autre que celui des temps

1. M. Bouquet de la Grye.
2. M. Breton de Champ.

anciens. Le canal de Ptolémée, conservé pour le canal d'eau douce dans l'état où il fonctionnait au VIIIe siècle de notre ère, a cédé son lit sur environ 4 kilomètres, près de Chalouf, à ce canal qui débouche au-dessus du niveau moyen de la mer Rouge avec une écluse de 3m,50. Ce fait nous paraît démontrer d'une façon indiscutable que le niveau moyen de la mer Rouge était, il y a au moins onze siècles, plus élevé d'environ 3 mètres que de nos jours, par rapport au sol de l'isthme; autrement dit que celui-ci s'est exhaussé de cette quantité [1].

Quand même le niveau des Océans serait partout rigoureusement exact, il resterait soumis à des influences perturbatrices; parmi celles-ci l'évaporation est une cause de déperdition; le docteur Buist l'estime à plus de 1m,50 par an pour la mer Rouge, la mer intérieure qui est la plus chaude du globe et qui ne reçoit aucun fleuve; l'équilibre de la surface se fait par le détroit de Bal-el-Mandeb, au moyen des courants venant de l'Océan Indien.

Le niveau de la mer Baltique, comparé à celui de

1. Ferdinand de Lesseps, *Comptes rendus de l'Acad. des sciences*, 22 juin 1874.

la mer Noire, n'est pas sensiblement différent et cependant ces deux bassins n'ont entre eux qu'une communication très indirecte; le colonel Lébedeff, directeur des travaux trigonométriques de Bessarabie, a fixé celui de la mer Noire à $1^m,20$ plus bas que celui de la Baltique[1]. L'auteur de ce travail explique cette différence par le compte qu'il faut tenir : 1° de la quantité d'eau atmosphérique qui tombe sur la surface des deux bassins et qui est plus grande sur les deux rives de la Baltique; 2° de l'évaporation qui est plus forte sur la mer Noire, éloignée de l'Océan, voisine des steppes et soumise à une température plus élevée.

Ces renseignements indiquent que s'il n'y a pas concordance mathématique ni entre le niveau des mers communiquant avec les Océans, ni entre les Océans eux-mêmes, quoique les écarts ne soient pas considérables ; on peut admettre même que les circonstances locales soient le motif principal de ces écarts. Les causes météorologiques variables détruisent cette planimétrie, augmentée encore sur

1. *Revue de Géographie*, juillet 1884.

les côtes par des effets difficiles à analyser. Ceci n'empêche pas de considérer le niveau des mers comme le grand plan de nivellement du globe, mais qui n'est pas rigoureusement exact.

Détermination du zéro d'altitude. — Wewell avait considéré le grand Océan comme étant le foyer des marées ; celles de l'Océan Indien et de l'Océan Atlantique ne seraient produites que par des oscillations des eaux du premier. Schmick admet au contraire que les trois Océans ont chacun leur marée propre et que les courants qui peuvent en résulter viennent se choquer aux points de rencontre limitant leurs bassins respectifs ; ce qui explique les lames énormes du cap Horn, du cap de Bonne-Espérance et du sud de l'Australie.

Prise dans son acception générale, l'ondulation du flux et du reflux paraît se propager dans toutes les mers allant du sud vers le nord. Si l'on trace sur un planisphère les lignes passant par les points où le plein de la mer a lieu simultanément, on obtiendra une série de lignes *cotidales*, qui ont en pleine mer une direction arbitraire. Cependant on a reconnu que l'ondulation se propage comme si elle avait son origine dans la grande masse d'eau de l'Océan Atlantique[1].

Très variable sur le littoral, la propagation de la marée est régulière au large, où elle atteint une vitesse estimée 800 kilomètres à l'heure ; elle est au contraire très lente dans les golfes resserrés ; dans les Mers du sud la marée s'élève à peine à 50 cent. ; au milieu de l'Atlantique, à l'île Sainte-Hélène, elle n'atteint qu'un mètre. Sa hauteur près des côtes dépend surtout de la configuration topographique qui favorise ou contrarie son épanchement. Ainsi, à l'entrée de la Manche, la hauteur de syzigie est de $11^m,36$ à Saint-Malo, et de $12^m,10$ à Granville. Dans des localités peu distantes, la forme des baies produit des différences remarquables ; dans la baie de Fundy, qui est limitée par l'isthme qui joint le Nouveau-Brunswick à la Nouvelle-Écosse, la hauteur de la marée dépasse 20 mètres ; de l'autre côté de l'isthme, elle n'atteint que $2^m,50$ cent.

L'élément liquide obéit facilement à la loi de

1. Berghaus et Johnston.

l'attraction; l'action combinée du soleil et de la lune le soulève plus ou moins, suivant que ces astres sont à leur périgée ou à leur apogée. En outre, la mer est soumise à l'attraction des sols émergés ou sous-marins qui avoisinent les côtes et qui agissent ainsi sur elle en raison de leur masse et en raison inverse du carré de distance de leur centre de gravité au rivage[1]. D'après ce principe, Saigey[2] avait calculé que, pour une île à corps rond d'un rayon de 10 degrés, d'une épaisseur de 500 mètres, ayant une densité supposée moitié celle du globe, le niveau des mers s'élèverait, au centre de l'île, de 59m,68 et de 35m,97 sur les bords, que le point où la variation deviendrait nulle serait vers le 60°, et qu'à partir de là, il y aurait dépression de niveau croissant jusqu'à l'antipode, où elle serait de 2m,85. La différence totale de niveau serait, par conséquent, de 63m,53 au centre de l'île et de 38m,82 à sa circonférence, ce qui constituerait un fort renflement. Le même calcul appliqué à l'Europe, ramenée à sa forme primitive et circulaire avec ses prolongements sous-marins jusqu'à 200 mètres de profondeur,

1. M. Virlet d'Aoust.
2. *Petite Physique du globe.*

démontre aussi que le niveau de la mer serait exhaussé au centre de 121 mètres et à ses rivages seulement du tiers ou environ 36 mètres.

Une surface aussi mobile, sollicitée par des influences qui se contrarient mutuellement, est difficile à repérer exactement, surtout quand il faut interpréter le niveau, dit moyen, des marées. Leur hauteur varie avec la position relative de la terre, de la lune et du soleil; elle est plus forte vers les syzigies. Une formule due à Laplace[1] permet de calculer toutes les grandes marées à chaque syzigie; en divisant par 2 la hauteur moyenne de la marée totale au moment des syzigies équinoxiales, on obtient un certain nombre auquel on donne le nom d'*unité de hauteur*. Dans chaque port, l'unité de hauteur se déduit d'un grand nombre d'observations relatives aux hautes et basses mers équinoxiales. Pour obtenir le niveau moyen d'une marée quelconque au-dessus du niveau moyen dans un port donné, on multiplie la hauteur de la marée à l'époque donnée déduite de la formule de Laplace par l'unité correspondante de

1. *Mécanique céleste*.

ce port. Ainsi le niveau de la mer est défini par une série de calculs très compliqués, dont quelques-uns peuvent être entachés d'erreurs.

Les sondes des cartes hydrographiques sont rapportées au niveau le plus bas atteint par la mer; la recherche de ce point zéro est aussi délicate que celle de la détermination du niveau moyen. « Les calculs nécessaires ne tiennent compte ni de l'onde diurne qui peut avoir un faible volume, ni des ondes mensuelles et annuelles qui déplacent le niveau moyen; ils ne peuvent ainsi fournir que des résultats approximatifs. Il faut une longue suite d'observations pour déterminer les constantes de la marée d'un port, éléments indispensables de la position du zéro des sondes[1]. » Malgré des éléments aussi complexes, M. Bouquet de la Grye n'a pas hésité à étudier les variations de niveau moyen du port de Brest de 1834 à 1868; il a établi dans ces calculs 30,000 équations, d'après lesquels il conclut que le sol de la Bretagne subit un exhaussement continu qu'on peut évaluer à un millimètre par an[2].

1. M. P. Hatt, *Notions sur le phénomène des marées*, 1885.
2. *Comptes rendus de l'Acad. des sciences*, 7 février 1881.

L'expression « niveau de la mer » n'a donc rien d'absolu; elle est au contraire toute relative, puisqu'elle n'a rien de constant sur les côtes, où l'on peut dire, par raisonnement absolu, que le niveau doit varier avec chaque localité. Ce n'est donc qu'à une certaine distance des côtes, en dehors de toute influence attractive du sol et de configuration topographique qu'on pourrait trouver le niveau réel, c'est-à-dire le véritable point zéro, point de départ fixe pour les opérations de nivellement.

Influence de la pression barométrique. — Une augmentation de pression atmosphérique sur une surface quelconque, est équivalente à une surcharge qui la déprimerait. Sir William Thomson a comparé ce phénomène à l'action d'un poids placé sur une masse solidifiée telle que la gélatine; la surface déprimée se relèverait pour reprendre sa planimétrie précédente dès qu'elle ne serait plus surchargée de ce poids.

La pression exerce aussi une action indirecte par les effets qui en résultent; quand le vent souffle avec violence sur une nappe d'eau, il la déprime et provoque un balancement perturbateur de la surface.

Sur les lacs intérieurs d'une certaine étendue, cette action est évidente. Quand la pression est plus forte à une extrémité qu'à une autre, l'équilibre est rompu; il se produit une intumescence ou élévation proportionnelle et, par conséquent, un changement dans le niveau. Tels sont les *seiches* et les *ruhsen* des lacs de Genève et de Constance.

Les seiches ont été signalées dans le principe par Fatio Duillier (1730); il les attribuait à l'arrêt des eaux du Rhône sur le banc du Travers, près de Genève, au moment des coups de vent du sud. Depuis, ce phénomène a été l'objet de nombreuses observations [1]. D'après Cellerier, il faudrait l'attribuer « à une sorte de balancement du lac suivant un diamètre variable d'après les différentes seiches, par un changement de la pression atmosphérique en un point de la surface ou, sinon, à un tremblement de terre. » L'irrégularité de la durée et l'amplitude des oscillations aurait des rapports avec la

1. Voy. Jalabert, Bertrand, Vaucher, de Saussure, Studer, Meyer, Favre, Guillemin, Vallée, Burnier, de la Harpe, Dufour, etc.

forme de la cuvette du lac; pour que la régularité fût absolue, il serait nécessaire que l'impulsion partît d'un point précis.

Les seiches présentent une plus grande amplitude sur les grands lacs américains. Sur le lac de Chapala, au Mexique, d'après M. Virlet d'Aoust, le phénomène est comparable au mascaret qui se manifeste à l'embouchure des fleuves; il les attribue aux trombes d'air très fréquentes sur le plateau mexicain; quand elles atteignent la grande nappe d'eau sur un point, tout en restant invisibles, elles la soulèvent sur ce point seulement; comme elles se déplacent instantanément, l'eau soulevée, abandonnée à son propre poids, reprend son niveau et se précipite vers les plages en y reproduisant un remous, qui est la seiche[1]. Le vent serait ainsi l'unique agent de dénivellation; mais comme le passage d'une trombe d'air peut concorder avec un mouvement barométrique, le rapprochement est digne de fixer l'attention.

Ce phénomène a été reconnu dans la Méditerranée; il se produisit un abaissement remarquable

1. *Comptes rendus de la Soc. de géogr.*, 1885, p. 371.

du niveau de cette mer en décembre 1881 et janvier 1882. A Antibes, tout particulièrement, le retrait de la mer fut considérable ; pendant la première quinzaine de janvier, son niveau baissa de plus de 30 centimètres, laissant à sec les fonds sur lesquels passaient précédemment les petites barques ; un semblable retrait fut constaté sur de nombreux points de la côte d'Italie et d'une façon remarquable à Fiumcino. Pendant cette période hivernale, la pression barométrique est restée très basse.

M. Daussy avait déjà démontré son influence sur le niveau de la mer ; il représente la valeur de cette pression comme étant égale au produit de la variation barométrique par le coefficient 13,3 qui représente le rapport des densités du mercure et de l'eau de mer. D'après cette donnée, la diminution du niveau pourrait être soumise à une détermination proportionnelle.

D'ailleurs cette action est si manifeste, qu'elle constitue une notable partie des oscillations de la Méditerranée ; les pseudo-marées qui existent au fond des golfes auraient des rapports avec la marche diurne du baromètre. Le docteur Niepce, de Nice, a fait les observations suivantes sur la relation entre les oscillations du baromètre à Venise et la marée de l'Adriatique.

Baromètre.	1er maximum, 4h.08 mat.	1er minimum, 4h.02 soir
	2e — 10h.01 mat.	2e — 10h.38 soir
Marée. . . .	1er maximum, 4h.30 mat.	1er minimum, 4h.00 soir
	2e — 10h.30 mat.	2e — 10h.20 soir

Irrégularités accidentelles. — Dans certaines mers intérieures exemptes des oscillations rythmées des marées, il se produit des dépressions légères qui se confondent avec les courants locaux et les vents régnants ; celles du détroit de Messine, de Patras, de Négrepont, sont dans ce cas. La marée du golfe de Gabès, dont les extrêmes varient de 0m,28 à 2m,50, est restée jusqu'ici inexpliquée, les observations méthodiques faites à Sfax depuis plus de dix ans ont permis de constater une régularité apparente, mais sans concordance ni avec les lunaisons, ni avec la pression barométrique.

On désigne sous le nom de ras de marée des mouvements extraordinaires de la mer, dans lesquels les eaux s'éloignent de la côte, y reviennent avec violence en dépassant les limites des rivages. Ce phénomène est assez fréquent sur les côtes du Chili et du Pérou; il paraît avoir une liaison intime avec les tremblements de terre et les oscillations du sol sous-marin; car il est aujourd'hui évident que les véritables ras de marée coïncident toujours avec des tremblements de terre parfois très éloignés. Mais on confond sous la même dénomination des agitations passagères de la mer, produites par des tourmentes, qui peuvent se faire sentir très loin des lieux où sévit l'ouragan et se propager sous forme d'ondulations d'une très grande longueur et d'une faible hauteur, à peine sensibles au large; mais lorsqu'elles s'approchent de la côte, elles augmentent de hauteur et apparaissent sous forme de vagues puissantes bouleversant tout sur leur passage.

Les irrégularités temporaires ne se produisent pas seulement dans l'Océan, elles existent aussi dans les mers glaciales. Le professeur Nordenskjœld rapporte avoir remarqué chez les Tchouktches, où il a hiverné à bord de la *Véga*[1], des irrégularités du ni-

1. *Passage au nord-est.* Rapport de M. le prof. Nordenskjœld. Upsala, 1879.

veau de la mer produites sur les côtes au moment du printemps, quand les vents et les marées soulèvent les glaces; le niveau s'est ainsi subitement abaissé de 2 mètres, quantité beaucoup plus forte dans certaines circonstances, si l'on s'en rapporte au dire des indigènes.

Un géologue américain, M. G. Dawson, ayant constaté les variations annuelles du niveau des grands lacs américains, a recherché s'il n'y aurait pas une concordance entre les dépressions des nappes d'eau et les taches solaires. Le niveau des eaux du lac Érié est soumis, comme celui de tous les autres grands lacs, à des variations les unes brusques, les autres lentes; les premières varient lentement d'année en année; ce sont celles qui nous occupent; les autres dépendent des saisons.

En remontant jusqu'aux observations de 1788, l'auteur est parvenu à déterminer la hauteur moyenne du lac Érié et à tracer des courbes correspondantes. On remarque dans ces courbes un accord satisfaisant pour les quatre premiers maxima et surtout pour 1837 et 1838; cette dernière année a été la plus haute du siècle pour les lacs Érié et Ontario. Les trois dernières périodes de maxima des taches solaires arrivées en 1848, 1859 et 1870 sont loin d'être aussi visibles sur la courbe des eaux; mais l'auteur de ces recherches paraît satisfait de l'élévation sensible marquée en 1860, eu égard au niveau général, qui, depuis 1838 est supérieur au niveau ancien. Il ajoute que la correspondance entre les périodes de maxima et de minima des taches solaires et des fluctuations des grands lacs, doit ouvrir un nouveau champ, quoiqu'elle ne soit pas absolue et montre l'extension du cycle météorologique mis en évidence par MM. Meldrum et Lockyer[1].

1. *Nature*, 30 avril 1874.

IV

TRANSFORMATIONS DU FOND DES MERS

Relations avec les modifications du sol. — Les grandes dépressions océaniques ne sont, ainsi que les hautes montagnes, que des accidents superficiels de l'écorce terrestre ; elles obéissent aux mêmes transformations, avec cette seule différence que les phénomènes qui s'accomplissent au fond des océans sont moins sensibles à nos yeux. Les évolutions le poursuivent de la même façon ; les abîmes de la mer sont soumis aux soulèvements lents ou brusques, puisque le sol que nous foulons aux pieds est, dans de nombreux cas, un ancien fond de mer émergé.

Quand la masse solide de la terre s'élève ou s'abaisse au-dessus ou au-dessous des océans, il en résulte un enfoncement correspondant où les eaux affluent. Quand les chaînes de montagne se soulèvent, il en résulte des vides qui sont comblés par les eaux. Les soulèvements des masses solides se produisent encore aujourd'hui ; puisque les oscillations de l'écorce terrestre existent, il faut admettre que les eaux suivent ce mouvement et en sont la contre-partie. Selon Boué, ces mouvements ont des rapports intimes. L'agrandissement des continents pendant des périodes successives au détriment d'anciens fonds de mer serait une preuve ou de l'abaissement des eaux ou de l'élévation du sol ; car il est plausible d'admettre que la quantité des eaux qui recouvrent la surface du globe a été toujours la même. Comme toutes les mers communiquent entre elles et la nature fluide de l'eau l'obligeant à conserver toujours une surface de niveau, ce n'est qu'au sol et non pas à la mer que peuvent être attribués les mouvements en différents sens [1]. A mesure que les continents se sont formés, une partie de l'eau de mer s'y transportait par condensation sous forme de lacs, de rivières, de glaces éternelles, de glaciers ; et ensuite faisait retour à la mer. L'équilibre se rétablissait de part et d'autre d'après les lois de l'hydrostatique.

1. H. Trautschold, *Bull. de la Soc. de Géol.*, t. VIII, 3e série, p. 150.

La sédimentation. — Tous les agents atmosphériques qui s'acharnent contre les sommets des monts, les ravinent et les abaissent insensiblement ; tous les glaciers qui poussent devant eux de puissantes moraines de débris sont la conséquence des nuages venus de l'Océan qui les déposent sous forme de neige dans les anfractuosités des montagnes. C'est aux phénomènes de la condensation qu'il faut attribuer le travail géologique des fleuves.

Manfredi, considérant l'importance des matériaux transportés par les cours d'eau, établit par le calcul que l'alluvion moyenne représente une épaisseur de 0m,92 cent. pour deux mille ans ; soit 0m,046 par siècle. Cette évaluation, basée sur des alluvions du Pô, a été reprise par Bianchi, qui la trouve exagérée. James Croll estime la dénudation météorique à un pied par siècle, tout en tenant compte de l'érosion plus forte dans les régions tempérées [1]. En Europe, il tombe en moyenne 0m,50 à 0m,80 de pluie par an, tandis qu'aux Indes cette quantité est quadruplée. W. T. Blanford estime que

1. *Philosoph. Mag.*, XXXVI, 1868.

la dénudation produite par l'atmosphère est cent fois plus considérable que celle de l'érosion sur les côtes ; il cite des rivières dans les Himalayas de Sikkin qui ont creusé des ravins de 2,000 et 2,500 mètres de profondeur. Une récente étude a démontré qu'en dix ans le département des Basses-Alpes avait perdu par l'action des torrents une surface de 25,000 hectares de terres arables.

Tous ces matériaux arrivent à la mer sous différentes formes ; les matières lourdes restent à l'entrée des estuaires ou concourent à l'élargissement des deltas des fleuves dans les mers sans marée ; les matières légères sont entraînées vers les grands fonds, après avoir été longtemps tenues en suspension, où elles se déposent et forment dans la suite des siècles des assises calcaires qui émergeront à leur tour, quand d'autres continents s'affaisseront.

Les vases du fond de certaines mers présentent l'aspect d'une pâte molle, demi-liquide, analogue aux fondrières de certains estuaires. Un plongeur y disparaîtrait de plusieurs fois sa hauteur. Dans ce limon, entassé atome par atome vit une faune créée spécialement pour ce milieu. Les dragages opérés dans les différentes mers du globe ont démontré que la vase remplie de tests coquilliers indique le calme dans les régions sous-marines, tandis que la vase

Carte de la profondeur de la mer Caspienne, d'après Iwaschinzoff (1860). (L'intensité des teintes est proportionnelle à la profondeur.)

pure est un indice de l'existence de courants généraux, qui ont apporté les matières déversées par un grand fleuve ou transportées par les courants littoraux.

Ce travail de comblement du fond des mers est insensible pour un bassin peu étendu, formant une cuvette régulière, comme la mer Caspienne. Les apports du Volga y ont déjà comblé la partie nord, tandis que, dans le sud, la dépression conserve son caractère concave. Cette mer, transformée en bassin de décantation, finira par se combler. Les relevés hydrographiques l'indiquent d'une façon évidente[1].

Les perturbations volcaniques sous-marines. Les phénomènes sismiques existent aussi bien au fond des mers qu'à la surface des continents ; ils y apportent des modifications par les matériaux ignés qui s'y accumulent perpétuellement et amènent le volcan à la surface. L'île Julia surgit ainsi de la mer sur les côtes de Sicile en 1831 jusqu'à la hauteur de soixante mètres ; elle eut quatre kilomètres de circonférence ; en 1884, le même phénomène se produisit aux Açores ; à la fin de cette même année une île volcanique sortit de la mer près des côtes de l'Alaska. La grande convulsion du Krakatoa (27 août 1883) a modifié le détroit de la Sonde ; la moitié de l'île où était situé le volcan a été bouleversée et s'est abîmée dans la mer.

1. Iwaschinzoff, 1860.

Il existe au milieu de l'Atlantique, dans un espace compris entre 5° lat. N. et 4° lat S. et 32° et 20° long. O, où les commotions sismiques ont été souvent ressenties par les navigateurs. Les premières

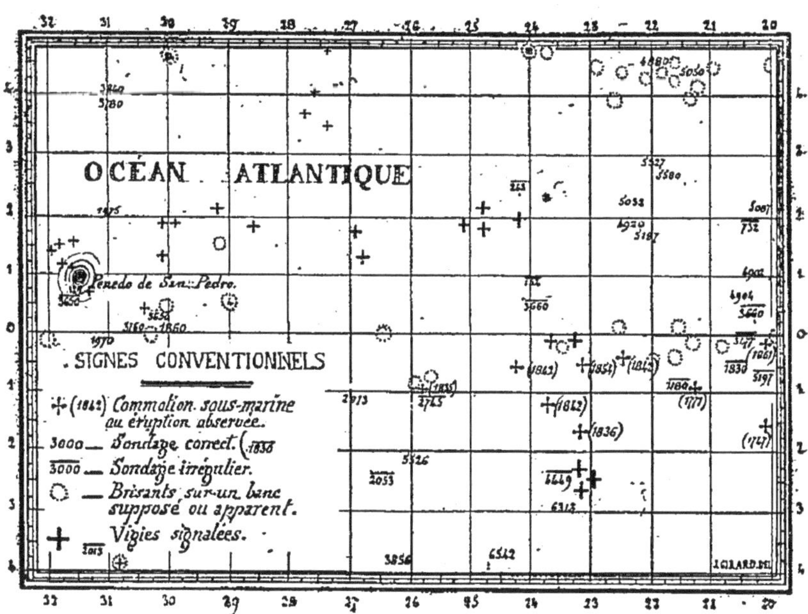

Carte d'une région volcanique sous-marine dans l'océan Atlantique.

observations remontent à 1747 et depuis elles ont été confirmées par trente-cinq à quarante rapports des capitaines de navires[1]. Tous mentionnent que leurs navires ont éprouvé des secousses violentes, comme s'ils avaient touché sur un banc; cet effet a souvent

1. D'après M. Leps, *Documents manuscrits.*

été accompagné de bruits sourds, de vapeurs, de masses d'eau projetées en l'air ; on a vu la mer couverte de débris phosphoriques. Dans ces parages les cartes marines sont émaillées de vigies, de bancs supposés, de brisants, et autres indications inacceptables, puisqu'aux mêmes endroits les sondages ont donné des profondeurs de 2,500 à 4,000 mètres, hauteurs comparables à celles des plus hautes montagnes. Il faut conclure qu'il existe là une région volcanique sous-marine où l'activité est remarquable, puisque les effets se font sentir à travers une couche d'eau aussi épaisse.

En outre, les dragages exécutés en 1875 par l'expédition du *Challenger* ont retiré de ces mêmes profondeurs des scories, des poussières volcaniques et des pierres ponces flottant à la surface. Cette exploration des régions sous-marines a aussi révélé l'existence d'autres fonds volcaniques dans les passages des îles Sandwich, près de Tongatabou ; et dans ces endroits la drague a ramené des cendres, des fragments de lave, des nodules de manganèse ; on a aussi recueilli des pierres ponces flottantes enveloppées d'algues.

Les volcans sous-marins concourent donc à la transformation du fond des mers tel qu'il est connu à la surface du sol ; ils provoquent des tremblements de terre ; au Japon, où les études sismologiques sont développées, il a été remarqué « que les tremblements de terre ont toujours une origine sous-marine ; 355 fois sur 419, soit 84 0/0 ; ils ont eu leur point de départ sur le bord de la mer[1]. »

La pression. — Le fond des mers supporte un poids considérable ; d'après les récents sondages exécutés dans toutes les mers du globe, les grandes profondeurs des océans atteignent plus de 8,000 mètres ; sur ces points la pression serait de 8,000 tonnes métriques par mètre carré. Si l'on considère l'écorce terrestre comme reposant sur un noyau fluide, cette pression ne doit pas être négligée dans les appréciations d'équilibre entre les terres submergées et les masses continentales. Le niveau des mers étant à peu près équidistant des profondeurs maxima comme des altitudes maxima, qui dépassent peu 8,000 mètres, il semblerait que les dépressions sous-

1. John Milne, *Transactions of the Sismological society of Japon*, vol. VII, t. II, 1884.

marines sont la contre-partie des sommets les plus élevés et que le poids des eaux à la surface du globe est appelé à jouer un rôle important dans la pondération de ses différentes parties.

L'affaissement du fond des mers du Sud (d'après la théorie de Darwin). — La relation entre la croissance des coraux et l'orographie sous-marine du grand océan équinoxial a suggéré à Darwin la pensée que les innombrables îles de corail sont des constructions édifiées sur des terres qui s'affaissent progressivement depuis les temps les plus reculés. La zone verticale habitée par les coraux est très étroite et jamais on ne les trouve vivants à une grande profondeur ; ce n'est qu'à partir d'un certain niveau sous-marin qu'il n'y a plus, sur les flancs des *atolls* ou récifs coralliens, que des polypiers morts et depuis un temps d'autant plus long qu'ils sont placés plus bas. De là cette conclusion : A l'époque où vivaient ces polypiers, dont les restes forment les assises inférieures des récifs, ces animaux devaient être placés dans les mêmes conditions d'existence que les autres représentants de leur espèce actuellement vivants, c'est-à-dire dans des eaux peu profondes. Les coraux couronneraient le sommet de chaînes de montagnes sous-marines qui sont en voie d'affaissement sur des milliers de kilomètres de longueur; ils seraient les témoins de l'orographie sous-

Coupe verticale d'une île haute, indiquant la formation des lagons dans la mer de Corail.

marine et en même temps des changements du niveau du fond des mers.

Les espaces centraux du grand océan Pacifique seraient ainsi en voie d'affaissement ; les groupes de leurs atolls qui s'abaisseraient ensemble sont tous allongés dans le même sens. Telle est la grande ligne nord-sud des Laquedives, Maldives et Chagos dans l'océan Indien, telles sont aussi, dans l'océan Pacifique, celles de Marshall, Gilbert, Ellice, d'une part, et celle des nombreuses îles-lagunes de l'archipel Paumotou, d'autre part. « L'étendue de la zone d'enfoncement, qui jalonnerait ainsi toute cette région, atteint en longueur le quart de la circonférence du globe et sa largeur, depuis les îles Sandwich jusqu'à l'archipel des Amis, est égale à celle du continent américain. Quant à l'amplitude du mouvement d'enfoncement, dont l'origine doit remonter au moins au début de la période glaciaire, elle ne serait pas inférieure à 3,000 mètres[1]. »

La mesure exacte de la croissance des coraux pour déterminer la période de dénivellation est incertaine à cause de l'irrégularité des marées. Wilkes fit en 1839, à Tahïti, un nivellement au *Dolphin-Bank*, endroit où les coraux sont en pleine vigueur. Il plaça une mire verticale sur la partie la plus élevée du banc, suivant un relèvement qui reste indiqué aux futurs observateurs. En 1869, on a trouvé une différence de $0^m,555$ avec les relevés de 1839; la croissance aurait été de $0^m,018$ par an[2].

1. Dana, *On Coral reefs and Islands,* 1853, p. 134.
2. Leclerc et Duhil de Bénazé.

Objections à la théorie des récifs corallins. — Le fond des océans correspondant à des dépressions de l'écorce terrestre anciennes en majeure partie, étant soumis au poids des eaux, il est naturel de les considérer comme s'approfondissant encore maintenant. Comme contre-partie de l'enfoncement du grand océan Équinoxial, signalons l'exhaussement des régions septentrionales ou tout au moins des terres de l'Amérique du Nord. Mais est-il admissible que l'abaissement de toutes les îles de cet océan ait pu s'opérer avec une lenteur suffisante pour permettre à toutes les innombrables colonies de coraux de s'élever en se maintenant au niveau convenable à leur existence? Si toute une chaîne de volcans sous-marins s'est affaissée, il en serait au moins resté quelques sommets au-dessus des eaux.

Depuis que la théorie darwinienne a été émise, de nombreuses observations ont été faites sur les dénivellations littorales des îles du grand Océan équinoxial et des mers de la Chine. Dans la plupart des circonstances, on a trouvé, comme sur les côtes des autres parties du monde, des indices d'affaissement voisins d'indices d'exhaussement. Dans l'île de Formose, le port de Takau a perdu sa profondeur; il est aujourd'hui impraticable. Au cap Sud, l'exhaussement des côtés est frappant dans le banc de corail qui s'élève; le port de Kelung s'exhausse lentement si l'on en juge d'après les blocs de corail usés par les eaux qui parsèment la baie du côté nord. La plate-forme de grès s'étendant entre l'île des Palmiers et la terre ferme se trouve maintenant très peu au-dessus de la marque des hautes eaux et les rochers de grès portent des témoignages évidents qu'ils ont été usés par les vagues à l'endroit où la végétation existe aujourd'hui [1].

Dans la même île de Formose, du côté occidental, le même mouvement se produit; la terre paraît s'élever avec rapidité. Le fort Hollandais qui date de 1624, construit dans le principe sur un îlot, à quelque distance du rivage, fait maintenant partie du continent; une plaine sablonneuse remplace le port de Taiwanfou [2]. Le Dr Montano a constaté un soulèvement aux îles Philippines, dans la partie orientale de Mindanao. « Cette région de l'île émergée

1. Cuthbert Collingwood, *Rambles of a naturalist.*
2. *Science*, vol. V, n° 112, mars 1885.

depuis les époques les plus anciennes a subi à l'époque moderne un soulèvement qui se poursuit encore de nos jours[1]. »

A ces observations, on pourrait en ajouter un grand nombre d'autres contradictoires à l'hypothèse de l'affaissement général du fond du Grand Océan équinoxial. La théorie darwinienne, qui est ingénieuse, ne satisfait cependant pas à de nombreuses objections. Elle a été réfutée péremptoirement par M. Murray, qui a démontré qu'il est improbable, par contraste, que les atolls soient de simples incrustations sur des pics volcaniques submergés; il existerait plus de deux cent quatre-vingt-dix pics volcaniques dans ces conditions. La masse de corail s'est formée depuis les temps anciens, et cependant son épaisseur est insignifiante, si on la compare à la lenteur avec laquelle se font les dépôts océaniques[2]. Le professeur Semper a poursuivi cette étude sur l'île Pelews, île annulaire où les coraux sont plus élevés que le niveau de la mer; les dénivellations y sont irrégulières, semblant indiquer des dépressions ondu-

1. *Nature*, 718. vol. XXVIII. 2 août 1883.
2. S. Starkie Gardner, *Nature*, 20 septembre 1883.

latoires. Suivant le naturaliste Balansa, il n'y aurait d'autre motif à la construction particulière des atolls, que la propension naturelle des coraux à se développer graduellement du côté extérieur où l'eau est toujours agitée. Cette propension les conduit à une superposition en saillie les uns sur les autres, en suivant les contours de leur base naturelle.

Une réaction s'est produite surtout en Allemagne contre la théorie darwinienne ; si elle est exacte dans les circonstances particulières où l'auteur les a étudiées, elle ne peut être prise comme loi générale. Les conditions de l'existence des coraux morts sur les côtes des îles volcaniques ou suivant les alignements des « barrières, » au-dessous du plus bas niveau où ils peuvent vivre, serait un indice d'affaissement, comme l'existence de polypiers au-dessus du niveau de la mer est un indice de soulèvement.

La question a été ainsi traitée par M. de Lapparent. « Si des affaissements locaux ont pu parfois intervenir dans la formation de certains récifs particuliers, il ne semble pas que le phénomène corallien réclame comme condition essentielle une mobilité générale du lit de l'Océan. Ce qu'il faut avant tout aux organismes constructeurs, ce sont des plateformes à moins de vingt brasses de la surface de la mer. Là, où l'ancien relief du fond n'en fournirait pas, des déjections volcaniques en ont pu faire naître, dût la sédimentation organique intervenir à son tour, en cas d'insuffisance de hauteur, pour élever préalablement ces plates-formes jusqu'à la zone bathymétrique des coraux. Après quoi le développement de ces derniers s'est fait en raison des conditions plus ou moins favorables qu'elles rencontraient. Plus tard, le travail des eaux, chargées de bicarbonate calcique, a fait disparaître, plus ou moins complètement, la différence de structure des deux espèces calcaires superposées, et si quelque mouvement du sol vient déterminer l'émersion d'un récif de ce genre, on sera exposé à attribuer la totalité de son épaisseur à l'activité corallienne, qui pourtant n'est responsable que du seul couronnement[1]. » M. de Lapparent ajoute que les atolls du Pacifique étant toujours établis sur des cônes volcaniques, cette disposition semble propre à suggérer l'idée d'un soulèvement plutôt que celle d'un affaissement.

1. *Revue Scientifique*, n° du 2 mai 1885.

Les principales objections contre la théorie darwinienne peuvent se résumer ainsi : Les faits ne sont pas assez confirmés pour être acceptés comme bases de la théorie ; l'affaissement n'est pas prouvé par la façon dont se produisent les récifs corallins ; la découverte d'exemples d'élévation partiels ne doit pas être prise pour règle générale ; aucune des formations madréporiques connue dans les âges géologiques, ne présente l'épaisseur attribuée aux récifs des mers du Sud.

Le Dr Geikie s'exprime de cette façon sur la théorie darwinienne : « Il ne faut pas oublier que Darwin, beaucoup moins que certains explorateurs dans ces derniers temps, n'a pas multiplié ses recherches... Il paraît n'avoir examiné qu'un seul récif, celui des Keelings et la « barrière de Tahiti... Il a étendu à tout l'océan Pacifique le résultat connu ou à peu près deviné pour cet exemple unique. »

M. J.-D. Dana a fait de nombreuses observations de 1839 à 1841 dans les îles de l'océan Pacifique : à Tahiti, aux Samoa, aux Fidji et à Hawaï, dans l'archipel de Paumotou, Tongatabou, le groupe des îles Gilbert, etc. Selon lui, l'affaissement n'a été invoqué que faute d'une théorie plus satisfaisante ; Darwin l'admit à première vue, s'empara d'une idée séduisante, sans la faire suivre d'observations longuement poursuivies.

D'après le professeur Karl Semper qui a étudié les îles Pelews, il existerait dans ces îles des récifs exhaussés à 200 pieds de haut dans le tiers de la partie sud d'une d'entre elles, tandis que dans les deux autres tiers l'exhaussement serait beaucoup moins sensible. L'objection de M. K. Semper contre la théorie d'affaissement est basée sur la coexistence de toutes les sortes de récifs dans ces îles, tels que attols, barrières sans récifs, et la raideur relative de la pente sous-marine des récifs est et ouest.

Il faut se rappeler que les récifs corallins sont recouverts par les terrains quaternaires et peut-être pliocènes tertiaires, alors les élévations locales qui se seraient produites dans le Pacifique n'ont pas été recouvertes pendant une courte période.

Cependant ces élévations locales dans le Pacifique s'étendent sur une surface de 25,000,000 de milles carrés. Comme exemple des proportions, citons les Paumotou, qui consistent en plus de quatre-vingts attols et deux îles-barrières couvrant 450,000 milles carrés contenant seulement trois ou quatre attols dépassant douze pieds de haut ; un d'entre eux, Metia, a 250 pieds de haut, l'Élisabeth 80. Metia est l'une des plus à l'ouest. Plaçons ces quelques points sur une surface continentale et toute la chaîne des attols du Pacifique sera appréciée.

M. le professeur J. J. Rein[1] a protesté contre la théorie de l'affaissement d'après ce fait que l'épaisseur attribuée aux récifs modernes est loin d'être comparable à celle des récifs des périodes géologiques. Ceci peut être un fait géologique pour lequel il n'est pas nécessaire d'avoir un précédent. Il y a d'abord une distinction à établir entre les rochers de corail proprement dits et les rochers formés des coquilles mélangées au corail. Les récifs sont formés de calcaire dans une mer peu profonde. Aucune formation épaisse de rocher d'aucune sorte n'a jamais eu lieu par l'action des mers peu profondes, sans qu'elle ait été accompagnée d'une légère

1. Dr Rein. *Senckenberg Ber. Naturforsch., Geselschaft*, 1869, 1870, p. 157 et *Verhandlung der I. deutsch Geographentags*, 1881, Berlin.

dépression ou d'un changement de niveau correspondant.

M. J. Murray, naturaliste du *Challenger,* dit, après avoir parlé des causes qui influencent la croissance des coraux, qu'il n'est pas nécessaire de faire intervenir l'affaissement, pour expliquer la formation des récifs de corail; il repousse l'idée des affaissements généraux sur de grandes surfaces.

V

LES VIBRATIONS MICROSISMIQUES

Moyens d'investigation. — Les secousses qui ébranlent la terre ont apporté des perturbations considérables et laissé, dans d'innombrables endroits, des traces profondes de bouleversement. Leur fréquence est même beaucoup plus grande qu'on pourrait le croire, car peu de pays en sont exempts. Avec la facilité des communications, les renseignements sont devenus de plus en plus nombreux sur les phénomènes qui ont lieu dans les deux hémisphères. De patients observateurs ont relevé tous ceux qui ont été signalés ; M. Fuchs a compté, en 1875, quatre-vingt-dix-sept tremblements de terre, grands ou petits, répartis dans le monde entier. Ils causèrent la mort de vingt mille personnes. Ils sont assez nombreux pour qu'on puisse dire qu'il ne se passe pas de jour où une secousse insensible ou brusque ne se produise à la surface de notre planète.

On a étudié, depuis quelques années, au moyen de délicats instruments, les frémissements insensibles ou « microsismes » qui ressemblent à des tremblements de terre avortés ou à des pulsations ayant leur origine dans les régions inférieures. Dans certains pays, essentiellement volcaniques, elles sont presque permanentes. L'expression « terre ferme » n'est donc pas rigoureusement exacte.

Les premiers travaux sur les microsismes furent entrepris par M. A. d'Abbadie, en 1837, à Olinda, (Amérique du Sud). Au lieu de faire usage de niveaux où l'on observe le déplacement de la bulle d'air, il se servit d'un bain de mercure. Pareille installation fut mise en pratique à son observatoire, près d'Hendaye, pour l'observation de la verticale ; elle comprend un cône de béton établi loin des murs, à la partie supérieure duquel se trouve une croisée de fil maintenue dans le champ d'un micromètre. A douze mètres en contre-bas est disposé un bassin de mercure surmonté d'une lentille large de douze centimètres, servant à renvoyer dans le plan du fil l'image réfléchie à la surface du miroir métallique ; l'horizontalité de ce miroir fait ressortir les plus petits mouvements de la ligne verticale autour de l'axe du cône. La lentille est placée de manière à laisser dans le champ du micromètre des intervalles notables entre la croisée des fils et son image[1]. Plus de deux mille lectures faites avec cet appareil ont eu pour résultat de démontrer que, dans les régions voisines du massif pyrénéen, la verticale reste rarement fixe pendant vingt-quatre heures de suite et que les variations peuvent atteindre une amplitude de sept secondes.

Des études furent faites à l'observatoire de Paris par l'amiral Mouchez, dès 1856, au moyen du niveau d'une lunette de Gambey ; la série des observations, poursuivie pendant une année entière, ne fournit aucun résultat. En 1867, M. Delaunay remplaça le niveau par un fil à plomb, à l'extrémité duquel était suspendue une masse pesante, dont la moindre oscillation pouvait être enregistrée par un micromètre. Ce fil à plomb était logé dans un puits profond, au

1. *Les Mondes*, t. VII, 3e série, 1834.

bas duquel un miroir réfléchissait les moindres déplacements. Mais cette installation était défectueuse à cause de la torsion du fil due aux variations de la température. En 1883, M. Wolf construisit à l'observatoire un appareil destiné à fonctionner dans le sens horizontal ; il était installé dans une galerie de 30 mètres de long creusée à 27 mètres au-dessous du sol. Cet appareil a pour base le déplacement relatif de deux images des mêmes points réfléchis, l'une par un miroir fixe, l'autre par un bain de mercure[1].

M. Ewing, professeur à l'observatoire sismologique de Tokio (Japon), a inventé divers appareils ingénieux, destinés à tracer automatiquement les vibrations. Imitant le professeur Palmieri, initiateur des travaux de cette nature à l'observatoire du Vésuve, il fit aussi usage d'un appareil composé uniquement d'un fil vertical, lesté à sa partie inférieure par une masse pesante, à laquelle se trouve adaptée une pointe inscrivant automatiquement les vibrations sur un disque tournant. M. Ewing a aussi inventé un

1. *C. rend. de l'Acad. des sciences*, 3 juillet 1883.

appareil consistant en un anneau métallique épais suspendu en porte-à-faux et muni d'un stylet indicateur traçant les moindres oscillations sur un disque actionné par un mouvement d'horlogerie[1]. D'autres instruments d'une extrême sensibilité, basés sur les mêmes principes et perfectionnés, ont aussi été inventés par John Milne.

Origine des vibrations. — Les vibrations ont été étudiées d'abord en Italie, où le sol est éminemment volcanique. M. de Rossi fit en 1875 trois séries d'observations, à Rocca di Papa, à Rome et dans les Catacombes ; elles résumaient plus de six mille lectures ; les oscillations des pendules confirmèrent les perturbations instantanées de la verticale. D'après M. de Rossi, les secousses surviendraient pendant ou après un état de repos du sol constaté par des instruments. Mais, écartant l'hypothèse des accidents locaux, le savant italien admet qu'aucune cause connue, sauf un mouvement général du sol, ne saurait expliquer le fait d'une agitation sensible des pen-

1. Ewing, *Earthquake's Measurement.* Tokio, 1884.

dules, comme celle qu'il a observée à Rome, à Florence et à Bologne[1].

Le sens des oscillations pendulaires aurait, suivant plusieurs auteurs, des relations avec les alignements généraux et le modelé du terrain. Perrey, qui avait fait un relèvement des tremblements de terre dans toute l'Europe, était arrivé, en discutant des documents malheureusement pas assez précis, à reconnaître que, pour la péninsule scandinave, le sens de translation était sensiblement parallèle à celui des vallées d'affaissement[2]. Ses recherches concernant le bassin du Rhône et celui du Danube confirmèrent cette hypothèse.

Elle avait du reste été émise par Ramond, l'infatigable explorateur des Pyrénées; dans ces montagnes où les vibrations sont fréquentes, il avait remarqué qu'elles se produisaient suivant la direction des cités de montagnes et aussi suivant celle des vallées. M. Fontana avait été témoin, à Bagnères-de-Luchon, d'un singulier effet de mouvement du sol : les gigots de brebis salés, suspendus par les paysans au plafond

1 *C. rendus de l'Acad. des sciences*, 10 mai 1875.

2. Ann. météor. et magn. du corps des ingénieurs de Russie, 1859.

de leurs demeures, s'étaient spontanément mis en branle[1]; ces pendules improvisés avaient oscillé dans la direction du nord au sud qui est celle de la vallée de Luchon.

Les vibrations microsismiques ont des rapports intimes, mais encore mal définis, avec les perturbations de différente nature qui prennent naissance dans l'intérieur de la terre. Elles concordent quelquefois avec des tremblements de terre éloignés ; dans d'autres circonstances, elles semblent être un fait isolé. D'après M. Ewing, quand un choc se produit sur un point, il engendre plusieurs vagues de distorsion et de compression, dont la propagation se modifie avec les milieux qu'elles traversent. Il résulterait, d'après le résumé des observations faites à Tokio, que « les tracés automatiques confirmèrent l'état complexe des ondulations sismiques ; dans une secousse, il y a un grand nombre de vibrations interférentes et successives ; on a quelquefois enregistré plus de trois cents trépidations consécutives dans une seule série ; toutes sont irrégulières en temps et en

1. *C. rendus de l'Acad. des sciences*, 1856.

amplitude ; elles dépassent quelquefois une fraction de millimètre et durent en moyenne moins d'une minute[1]. »

Élasticité superficielle du sol. — La surface de l'écorce terrestre possède certaines propriétés de flexibilité et d'élasticité qui semblent indépendantes de la nature des éléments qui la composent. Ainsi, quand le sol subit une dépression, il s'affaisse insensiblement pour se relever ensuite, dès que le poids qui la fait infléchir est éloigné. Quand, par exemple, la marée monte sur une plage peu inclinée, elle s'infléchit pour se relever au moment de l'écoulement de l'eau. Lorsque le « mascaret » se précipite dans l'embouchure de la Seine, formant une imposante vague de 2 ou 3 mètres de haut, le sol des rives cède au moment de son passage ; cette expérience a été renouvelée plusieurs fois au moyen de niveaux à bulle d'air comparés entre eux.

Les vagues de grande amplitude, comme celles de l'Océan austral, provoquent des effets encore plus

1. *Earthquake's Measurements, op. cit.*

sensibles. M. Bouquet de la Grye a observé une curieuse flexion du sol durant sa mission à l'île Campbell, en 1882. « On avait remarqué plusieurs fois que les niveaux des lunettes méridiennes éprouvaient des mouvements bizarres ; en quelques minutes, sans cause apparente, la bulle parcourait plusieurs divisions, puis revenait. Quelquefois ces mouvements sensibles de la verticale paraissaient dépendre de la hauteur de la marée ; d'autres fois, le niveau donnait des indications en sens contraire de ce qu'on attendait... Je songeai, dit l'observateur, à étudier au moyen d'un appareil d'une grande sensibilité la cause de ces perturbations... Son principe était bien simple ; c'était un pendule dont le poids venait actionner un bras de levier très court, transmettant tous les mouvements multipliés dans une proportion considérable, à l'extrémité d'un deuxième bras de levier très long[1]... Les oscillations avaient pour cause le choc des grandes lames de l'Océan ; l'île entière, quoique cela paraisse singulier, était ébranlée régulièrement comme le serait une masse élastique, et

1. Bouquet de la Grye, *Mission à l'île Campbell*, 1882. Acad. des sciences.

elle se transformait ainsi en corps vibrant, qui communiquait son mouvement à toutes les masses situées à la surface. »

Rapports avec les tremblements de terre. — Les vibrations insensibles du sol se font sentir sur un grand nombre de points où les secousses brusques ne se manifestent pas. Elles prennent naissance dans les masses intérieures, d'où elles se transmettent de proche en proche jusqu'à la couche superficielle, de la même manière que les ondes liquides et sonores.

Les agitations de la terre ne sont donc en principe que la répercussion d'un ébranlement intérieur, trop profond pour se faire sentir autrement à la surface ou trop éloigné pour être perçu sans le secours d'instruments. Les quelques observations isolées faites antérieurement, démontrent que les tremblements de terre sont toujours ressentis loin du centre d'ébranlement. Ainsi, pendant la secousse qui détruisit Lisbonne en 1755, les ondulations s'étendirent dans toute l'Europe ; l'eau fut agitée dans les lacs et les étangs en Angleterre. Au moment de celle qui bouleversa l'Archipel, dans la Méditerranée, l'eau du lac Miosène, en Norwège, s'est élevée subitement de 7 mètres. Au moment du tremblement de terre des Calabres, en 1783, il fut démontré par Dolomieu que la zone d'ébranlement avait atteint un rayon de 300 kilomètres. Pendant la secousse de Mendoza (Chili) en mars 1861, on perçut à Buenos-Ayres une ondulation remarquable. Un horloger de cette ville avait remarqué que le balancier d'une horloge s'était arrêté, puis, qu'il s'était spontanément remis en mouvement ; à côté, un régulateur dont la face était tournée vers l'est oscillait du nord au sud ; son poids était de 15 kilogrammes et l'arc d'oscillation dépassait 8°, tandis que dans les oscillations habituelles, il ne dépassait pas 2° ; l'amplitude était assez vive pour avoir brisé les globes. Chez tous les horlogers de la ville, le même phénomène se présenta[1].

Un observateur résidant à Nice, M. Prost, ayant remarqué que les cristaux suspendus à un lustre, dans un salon, subissaient par instant des trépidations inexpliquées, dressa un tableau des mouvements d'agitation pour les années comprises entre 1866 et

1. *C. rendus de l'Acad. des sciences,* 7 octobre 1861.

1869 ; il démontra que ces mouvements concordaient avec un tremblement de terre qui avait eu lieu en Afrique en octobre 1867. M. Prost a pareillement constaté que les cloches fumivores recouvrant les becs de gaz d'une salle de lecture, à Nice, et suspendus à une simple corde, étaient agités et battaient même contre les supports. A ce moment, le Vésuve était en éruption[1]. Les mêmes observations ayant été poursuivies pendant plusieurs années, elles furent toujours en concordance avec les périodes d'activité du volcan.

Les perturbations de l'intérieur de la terre ont un champ d'action très étendu, si l'on en juge d'après les modifications qu'elles apportent dans le régime des nappes d'eau souterraines. A la suite d'une éruption du Vésuve en 1867, les eaux des puits des environs de Naples se troublèrent presque instantanément et diminuèrent ; l'eau du Cavamignano, qui alimente la ville, se troubla comme les autres sources. Dans toute une région de 110 kilomètres carrés qui s'étend des Apennins jusqu'aux plages

1. *C. rendus de l'Acad. des sciences*, 20 février 1870.

napolitaines, l'eau tarit dans les puits[1]. Mais ces effets peuvent encore se propager beaucoup plus loin, puisque, d'après M. Hervé-Mangon, l'eau du puits artésien de Passy a été influencée par une éruption du Vésuve. L'analyse de ces eaux, faite depuis l'arrivée de l'eau jaillissante, du 28 octobre 1861 au 31 mars 1862, a révélé la présence d'une plus grande quantité de matières solides aux époques où des perturbations se sont produites. L'éruption du Vésuve du 8 décembre 1861 amena 5,052 grammes de matières par mètre cube[2]. Ces expériences n'ont, du reste, pu se faire que pendant les premiers moments de l'ouverture du puits, l'eau était devenue claire aussitôt que la chambre formée au bas du tube fut agrandie.

Propagation des ondulations sismiques. — Lorsqu'une secousse a lieu, l'ébranlement se propage sous forme d'ondulations, ressenties d'autant plus loin de leur point de départ que le milieu vibrant a été plus favorable à la transmission; à travers les océans, ces ondulations se prolongent à des distances consi-

1. *C. rendus de l'Acad. des sciences*, 20 janvier 1867.
2. *Le Moniteur universel*, 1862.

dérables. Les raz de marée sont dus à cette propagation de l'ébranlement de la mer, par suite d'une commotion souvent fort éloignée. Lors du tremblement de terre du Japon, en 1854, des vagues animées d'une vitesse de 700 kilomètres à l'heure, produisirent sur les côtes de Californie un raz de marée désastreux ; l'étendue de l'océan Pacifique, presque la moitié du tour du globe, n'avait pas interrompu la vibration du sol qui s'était communiquée à la mer. Ajoutons que les nombreux raz de marée qui désolent les côtes occidentales de l'Amérique du Sud, sont généralement le résultat de tremblements de terre éloignées ou même sous-marins.

Le phénomène de propagation des ondulations sismiques a été observé d'une façon plus précise à l'époque du tremblement de terre du Krakatoa, le 27 août 1883, dans le détroit du la Sonde. Aussitôt après les détonations du volcan, qui eurent lieu à midi, une vague de cinq mètres de haut inonda la côte de Java. A une heure trente du soir, la mer changea de couleur à l'île Rodrigues ; elle sembla entrer en ébullition, dit un témoin oculaire ; en l'espace de trois heures, elle s'éleva à une hauteur de six mètres, puis elle revient rapidement à son niveau ordinaire; mais, un quart d'heure après, une nouvelle élévation se manifesta; elle resta ainsi agitée jusqu'à sept heures du soir. A Maurice et à

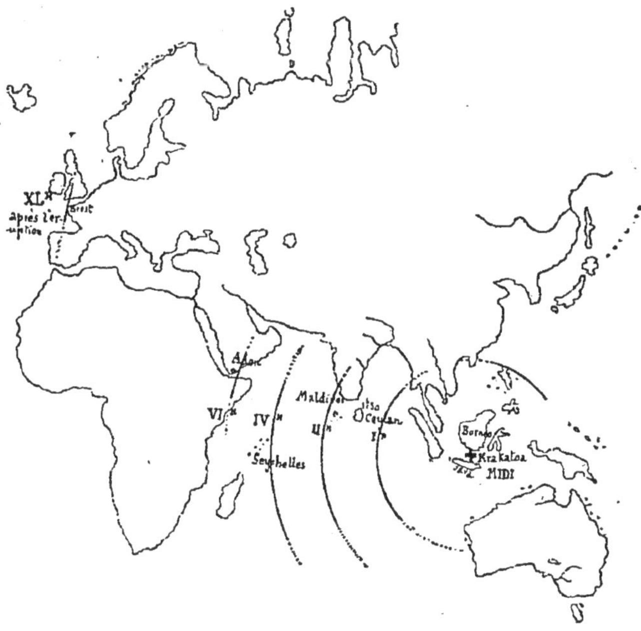

Propagation des ondulations marines à la suite de l'éruption du Krakatoa.

Saint-Pierre (Réunion), de violentes lames abordèrent les côtes avec des soubresauts successifs. Aux Scychelles, vers quatre heures, la mer s'éleva subitement au moment où la marée devait baisser; pendant toute la journée et la nuit suivante, les oscillations du marégraphe sont anormales. A East-

8

London (Afrique du Sud), au moment du retrait de la marée, une vague de 50 centimètres de haut pénétra dans la baie et s'y maintint pendant huit minutes[1]. Trente heures après la secousse, on enregistrait à Colon (Aspinwall) une perturbation dans les mouvements ordinaires de la marée. Au cap Horn, la mission scientifique de la *Romanche* relevait des irrégularités inexpliquées dans les courbes du marégraphe. Enfin, quarante heures après l'éruption du Krakatao, la vague de translation abordait les côtes de France; les irrégularités qu'elle apporta au marégraphe de Rochefort, comparées à celles des autres points des côtes de l'Océan, ne laissent pas de doute sur l'origine. La vitesse de propagation aurait été de 294 mètres à la seconde[2]; vitesse qui concordait à peu près avec celle qui s'est produite dans des circonstances analogues, pendant le tremblement de terre d'Arica (13 août 1868) entre cette ville et Honoloulou, où elle atteignait 237 mètres à la seconde[3].

1. *Mercantile Record.*
2. M. Bouquet de la Grye.
3. Von Hochstetter.

Le tremblement de terre d'Andalousie du 25 décembre 1884 a été ressenti sur des points éloignés avant et après l'accident. Il aurait débuté trois jours avant la commotion principale par une série de secousses ressenties au Portugal et aux Açores dans la direction de l'est. Les ondulations de cette secousse se propagèrent d'abord à Madrid, où les balanciers des horloges de la ville furent convulsivement agités quelques minutes après; ensuite à Bruxelles, on a constaté que l'une des horloges astronomiques de l'observatoire s'était arrêtée et que l'autre avait une marche irrégulière ; on remarqua alors que les colonnes sur lesquelles elles reposaient n'étaient plus dans le plan vertical ; pareille observation fut faite pour une lunette astronomique. En Angleterre, on a perçu pareillement dans la nuit du 25 une secousse légère. M. A. d'Abbadie a reconnu qu'au 1er décembre 1884, il s'était produit à son observatoire, près d'Hendaye, une agitation extraordinaire qui se continua jusqu'en janvier 1885. Le 23 de ce mois, les oscillations atteignirent une amplitude de 30″ ; on en ressentait quatre par seconde, ce qui s'était rarement présenté.

Sur le littoral voisin de l'observatoire, la mer était calme, ces agitations extraordinaires étaient donc indépendantes du mouvement de la mer. Elles ont cessé le 4 février. Comme le lieu d'observation est situé à deux kilomètres de la frontière d'Espagne, il est permis de les rattacher aux cataclysmes qui ont désolé la province de Grenade [1].

Les ébranlements artificiels se propagent de même ; au mois d'octobre 1885 on fit sauter, avec trois cent mille livres de dynamite, les rochers qui obstruaient l'entrée de East-River, dans le port de New-York ; la commotion fut ressentie à Patchogne, à soixante-quinze kilom., trente et une secondes et demie après l'explosion. On remarqua que la secousse fut plus vive dans les étages supérieurs des maisons que sur le sol. Ce fait a déjà été confirmé dans les tremblements de terre.

Les commotions partielles. — S'il se manifeste des secousses assez fortes pour faire vibrer une partie de l'écorce terrestre, il en existe aussi d'autres

1. *C. rendus de l'Acad. des sciences*, 28 septembre 1885.

qui n'affectent que certaines couches superficielles du sol, tantôt les inférieures, tantôt les supérieures, laissant les autres indemnes, c'est-à-dire parfaitement immobiles ; M. Virlet d'Aoust les appelle *partielles*. « Les mines métalliques de la Suède et du Mexique ont fourni des exemples du premier cas. On y a effectivement pu reconnaître que, pendant que les couches inférieures avaient été plus ou moins ébranlées par des secousses réitérées, celles de la surface avaient conservé leur parfaite immobilité. Les mines de Saxe et du Chili ont permis, au contraire, de constater des phénomènes inverses, c'est-à-dire que là, les couches supérieures seules ont éprouvé des mouvements sismiques bien prouvés par les désastres qu'ils y ont occasionnés ; tandis que les mineurs qui travaillaient à des profondeurs qui ne dépassaient pas 200 et 250 mètres n'avaient ressenti aucun mouvement vibratoire dans leurs galeries [1]. »

Ce phénomène de commotions partielles s'est produit en France, le 24 juin 1885, à Dorigny-Flers-

1. Virlet d'Aoust, *C. rendus de la Soc. de géog.*, 1885, p. 370.

Douai[1]; on a ressenti une secousse suivie de détonations sourdes, comme un violent coup de canon, tiré dans le lointain; les maisons furent agitées; on a cité de nombreux faits analogues à ceux éprouvés dans les tremblements de terre. Dans cette région minière, les ouvriers travaillant dans les galeries situées à 306 mètres de profondeur, n'avaient rien ressenti, tandis que ceux qui se préparaient à descendre croyaient à une explosion de grisou; c'était un tremblement de terre partiel ou horizontal. Le terrain crayeux superficiel avait seul été agité; les couches de houille étaient indemnes.

Ébranlement de l'atmosphère par les phénomènes sismiques. — Les secousses qui prennent naissance dans l'intérieur de la terre se communiquent non seulement au sol, mais sont encore répercutées par l'atmosphère. John Milne a constaté au Japon, que des vibrations durant un certain temps, concordaient très souvent avec l'abaissement de la colonne barométrique[2]. Ces observations ont

1. Virlet d'Aoust, *Loc. cit.*, et *Indépendant de Douai,* juin 1885.
2. *Nature,* 16 juillet 1885.

été faites avec des instruments d'une grande sensibilité.

Les savants japonais ont constaté que toutes les agitations du sol de leur archipel, étaient prédites par une élévation de la température et les grandes perturbations atmosphériques et, de plus, qu'elles étaient suivies de périodes assez prolongées de mauvais temps.

« Je crois, dit M. G. Hutter qui a résidé au Japon, que les tremblements de terre sont dus à des variations un peu fortes de la pression atmosphérique. Pendant mon séjour au Japon, j'ai ressenti cinq ou six secousses assez fortes. A la première que j'ai remarquée, j'ai interpellé un indigène sur la cause du bruit et du mouvement extraordinaire des vitres; il m'a répondu : « Ce n'est rien, cela arrive toujours ainsi après l'orage. »

D'après M. Virlet d'Aoust, si la pression atmosphérique joue un certain rôle dans les phénomènes de trépidation du sol, c'est uniquement parce qu'elle s'y trouve associée à des courants électriques, ainsi que le faisait observer cet indigène[1].

1. *Bull. de la Soc. de Géol.*, t. XIII, avril 1885.

L'éruption du Krakatao a donné naissance à une série de vagues atmosphériques, qui, selon Ryktcheff, franchirent 334 mètres par seconde. Quelques renseignements épars ont permis de suivre ces ondulations. Ce fut d'abord un steamer qui, passant à 150 milles du théâtre de l'éruption, reçut les premières atteintes; on y vit le baromètre sauter brusquement de quinze millimètres dans un intervalle de deux ou trois minutes; ce soubresaut semblait être l'indice d'une ondulation de l'air telle qu'elle pouvait être produite par le jet de gaz lancé verticalement par le volcan, jusqu'aux limites de l'atmosphères.

A Saint-Pétersbourg, à Berlin, à Paris, à Londres, le passage de l'ondulation atmosphérique s'est fait sentir. La première vague est arrivée à Berlin dix heures après sa naissance, se propageant avec une vitesse égale à celle du son. On a aussi remarqué, seize heures plus tard, une seconde oscillation barométrique, due sans doute à la même impulsion, mais arrivant en retard sur la première, dans un sens directement opposé, après avoir traversé le continent américain. On a encore observé à Berlin, trente-six heures après cette seconde vague d'ébranlement, une oscillation analogue, quoique de moindre amplitude.

A Paris, à l'observatoire de Montsouris, on relevait sur les instruments enregistreurs le passage de l'onde, en même temps que M. Renou constatait à l'observatoire de Saint-Maur un abaissement subit de deux millimètres de la colonne mercurielle. La vague s'était donc répandue dans toute l'atmosphère environnant le globe.

VI

LES DÉNIVELLATIONS CONTEMPORAINES

Insuffisance des documents. — Les soulèvements du sol sont évidents dans tous les terrains stratifiés; chaque tranchée révèle le séjour des eaux; mais on est obligé de se borner à considérer le fait accompli, puisque les circonstances, dans lesquelles les mouvements ont eu lieu, restent dans l'obscurité. Les mouvements brusques laissant des traces apparentes, tandis que les évolutions lentes déjouent les moyens d'investigation nécessaires pour établir des chronographies géologiques, permettent surprendre la nature sur le fait. Ce n'est qu'avec le concours de plusieurs générations d'observateurs, que l'on pourra juger comment ces évolutions se sont accomplies à la surface du globe.

Les documents les plus anciens ne remontent qu'à cent cinquante ans; ils sont représentés par les repères établis sur les rivages de la Baltique. L'affaissement de la Hollande, jugé d'après les travaux d'endiguement, remonte à une époque plus reculée, mais ces documents ne constituent que des renseignements indéterminés. Il faudrait qu'une série de repères s'étendît à toute une région. En dehors des deux pays mentionnés, on a recueilli sur différents points un certain nombre de faits isolés dont nous indiquons les principaux.

Variations du sol du temple de Sérapis, à Pouzzolles (près Naples). — Les premières remarques sur les dénivellations alternatives eurent lieu en Italie dans des circonstances qui furent le point de départ d'autres recherches. Les trois colonnes restantes d'un temple, dit de Sérapis, à Pouzzolles, dans le golfe de Naples, furent alternativement submergées et surélevées. On voit : « la déduction des faits écrits sur ces colonnes, en caractères précis et lisibles. » On suppose qu'après l'époque romaine, un affaissement du terrain non mentionné dans l'histoire, fit que l'édifice s'enfonça dans les eaux, régulièrement et uniformément, sans compromettre sa stabilité, entraînant le sol qui le portait. Pendant longtemps, les trois colonnes restantes baignèrent dans la mer, sur une hauteur de plus de six mètres. Les bivalves incrustants du genre *Lithodomus* s'y attachèrent et perforèrent le marbre d'une multitude de trous.

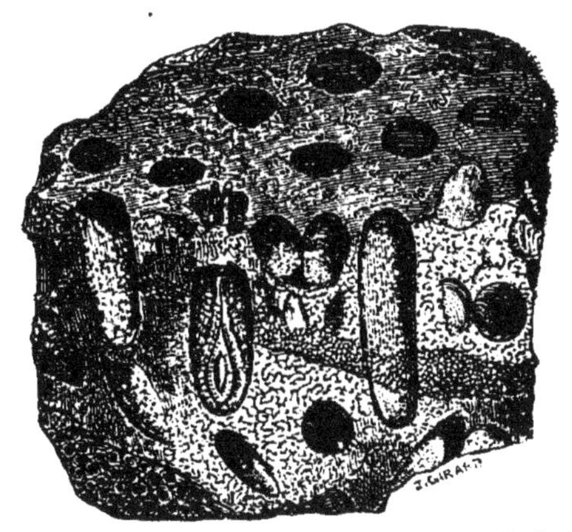

Fragment de gneiss perforé par les pholades.

A une seconde époque sur laquelle la chronologie fait défaut, les colonnes du temple surgirent des eaux avec une lenteur égale à celle de leur descente. D'après une évaluation facile à admettre, cet exhaussement concorda avec le soulèvement d'une montagne voisine, le Monte-Nuovo (1538), qui, en trois jours, s'éleva à la hauteur de 130 mètres. Au même moment, la plage voisine, la Strazza, s'exhaussa également.

Ces oscillations sont encore sensibles à l'époque actuelle ; depuis le commencement du siècle, des mesures prises avec précision indiquent que le mouvement d'affaissement se poursuit. D'après Nicolini, les alternatives auraient été les sui-

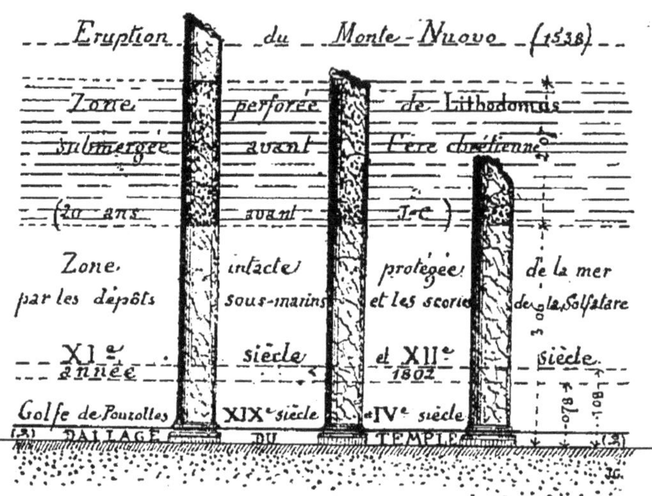

Périodes alternatives d'abaissement et d'élévation au-dessus du niveau de la mer, des colonnes du temple de Sérapis, à Pouzzoles (près Naples).

vantes : 1° vingt ans avant l'ère chrétienne, le sol était à 3m,06 au-dessous du niveau actuel ; 2° vers la fin du Ier siècle, il n'était qu'à 1m,08 au-dessus du même niveau ; 3° à la fin du IVe siècle, il s'était abaissé et avait repris peu à peu le niveau actuel ; 4° dans les siècles suivants, et antérieurement à l'éruption du Monte-Nuovo, il était à environ 5m,08 du niveau actuel ; 5° au commencement du XIVe siècle, il se trouvait à 0^m^,70 au-dessus du point où on le voit en ce moment.

Les alternatives se manifestent encore aujourd'hui, puisque, d'après les mesures déterminées en 1875 et comparées à celles de 1860, il y aurait eu unc dépression de 0^m^,014 en quinze ans. Ce résultat s'accorde avec les déterminations de Nicolini qui admet pour la période actuelle un mouvement approximatif de 0^m^,144 pour une série de sept années [1].

On peut, du reste, remarquer le long de la côte, aux environs de Pouzzolles, des traces nombreuses de dénivellation; les rochers sont perforés par les bivalves incrustants à une hauteur qui atteint jusqu'à cinq mètres au-dessus du niveau de la mer. On rencontre entre Gaëte et Pouzzolles d'immenses dépôts de coquillages sur des points élevés et éloignés de la mer.

Tassements de terrain. — Les mines depuis longtemps abandonnées après exploitation sont souvent

1. *Congrès des sciences géographiques*, 1875.

cause de tassements qui entraînent des affaissements très sensibles de la surface du sol. Ainsi il existe aux environs de Mons un village dont le clocher était visible d'un point bien connu et qui, plus tard, s'est trouvé caché au fond d'un pli de terrain; le village s'est affaissé lentement sans que la solidité des maisons ait été compromise. Le même fait s'est produit dans le duché de Brême, où des tourbières exploitées profondément ont fait baisser le niveau du sol.

Les tassements naturels de l'écorce terrestre se produisent de même que ces tassements artificiels; le manque d'homogénéité des matériaux, les cavités creusées par les eaux intérieures qui filtrent à travers les crevasses, le défaut d'équilibre de certains terrains provoquent des affaissements lents.

Près d'un hameau de la commune de Bischini (Corse), le terrain s'est s'affaissé sur une surface de 4 kilomètres carrés, en avril 1875, sans secousses, mais en laissant de nombreuses crevasses [1].

On a fait en 1880 des fouilles à Haïti à un endroit

1. Feuilles locales.

que l'on supposait être l'emplacement de la ville de Vega Real. On y a retrouvé les maisons intactes. Il y a trois siècles (20 avril 1564), cette ville s'était rapidement affaissée sous terre et ses habitants avaient péri. Le sol où elle a été bâtie s'appelle encore aujourd'hui : *Las trembladeras* (Le Marais tremblant).

Les chroniques indiennes font mention d'un soulèvement du sol dans la vallée de l'Indus, qui s'étendit dans une plaine unie sur une longueur de seize lieues et une largeur de cinq. Cette élévation subsiste et a modifié le cours du fleuve près de son embouchure. Plus récemment, une autre région aussi très étendue et voisine du littoral s'affaissait, laissant une baie spacieuse à la place. Un fort, qui s'y trouvait, descendit lentement sans dégradation et se trouva isolé au milieu de la baie.

Les affaissements se produisent aussi bien au milieu des montagnes que dans les plaines. Il y eut dans les Alpes, en 1866, une série de mouvements alternatifs, qui se manifestèrent à Desenzano, sur le lac de Garde ; d'abord peu sensibles, ils finirent à la fin de l'année par augmenter d'intensité ; en 1868, le mont Baldo situé à la partie orientale de ce lac fut

9

soumis à une agitation prolongée. La même année à Desenzano, l'hôtel de Porta-Vecchia bâti sur pilotis, au bord du lac de Garde, s'enfonça insensiblement sous l'eau, avec une vitesse moyenne de 20 centimètres en vingt-quatre heures, sans secousses, conservant l'horizontalité. Tous les moyens employés pour empêcher cette submersion de la maison furent infructueux ; elle disparut jusqu'au deuxième étage.

Les tassements se produisent en tous lieux, mais le voisinage de la mer ou des eaux douces paraissent les favoriser. Ainsi, à Venise, ils sont remarqués depuis plusieurs siècles. Le plan de comparaison pour le nivellement de construction est le niveau même de la mer ; il est désigné sous le nom de *commune alta mare* et exprimé dans le service par la lettre C. Sa trace est facile à retrouver, car en vertu de leur mouvement journalier, les eaux noircissent la pierre des quais jusqu'à cette hauteur. Le dallage de la place Saint-Marc est actuellement situé à 42 centimètres au-dessus du C ; mais des fouilles récentes ont fait reconnaître les traces d'un ancien pavage en briques de cette place, à une profondeur de 1 mètre au-dessous du premier et plus bas encore celle d'un pavé plus ancien également en briques, dont le niveau est à 2 mètres en contre-bas du dallage actuel. De sorte que cet ancien pavé qui, à l'origine, était indubitablement plus élevé que le niveau du flux quotidien, est à peu près descendu de 1 mètre au-dessous de ce niveau[1]. Cette dépression a été considérée comme le résultat d'un tassement des alluvions qui composent le sol des lagunes.

Aux îles Andaman, un repère indiquant un affaissement du sol a été fourni naturellement par les arbres des forêts qui couvrent ces îles. Les palavas meurent progressivement par suite de la pénétration de l'eau de mer jusqu'à leurs racines; ces arbres avaient poussé dans un terrain sec et élevé, qui seul leur convient. Le conservateur général des forêts de l'Inde remarqua le premier cette tendance à l'affaissement qui se manifeste sur plusieurs milliers d'hectares; il estime, d'après des repères naturels, qu'il est d'environ 3 mètres par siècle[2].

En Irlande, il se forme un grand nombre de lacs par l'enfoncement des tourbières. On peut y voir le

1. Ernest Tissot, *Les Mouvements des montagnes*, 1876.
2. *Geography of India.*

spectacle de forêts souterraines, où les masses d'arbres abaissés brusquement au-dessous du sol, continuent à reverdir par le sommet des branches.

Il existe en Pologne des lacs qui ont été formés par des affaissements. Le lac d'Arend, dans la Marche de Brandebourg, est la conséquence d'un phénomène de ce genre.

Glissements. — Quand un terrain est composé de couches alternatives de roches polies inclinées, l'infiltration des eaux, jointe à un mouvement de tassement, peut déterminer des glissements lents ou brusques sur des étendues parfois considérables. Le village de Pietrastorsimo, en Italie, dans la péninsule d'Avellino, a glissé sur une longueur de 14 mètres, dans l'espace d'une journée ; un grand nombre de maisons fut détruit. La ville de Virginia-City (Nevada) a commencé à glisser lentement en 1878 dans le sens de la pente sur laquelle elle est située. La ville continue son mouvement, en se déplaçant de 0m,75 par an, sans qu'il y ait d'accidents autres que la rupture des conduites d'eau et de gaz placées dans le sol, qui se meut sur une surface de roches polies situées à 30 mètres de profondeur[1].

Les terrains inclinés peuvent se détacher par le simple glissement d'un ensemble de couches qui descendent sans se séparer sur une pente. Au centre de la Suisse, dans le canton de Schwitz, le 2 septembre 1806, une partie du mont Ruffi se détacha sur une longueur de 4 kilomètres et sur une épaisseur de 30 mètres. En cinq minutes, les villages de Goldan, de Busingen, de Lowerz furent ensevelis sous les débris de la montagne.

En 1882, dans le canton de Glaris, le sommet du Risikopf a été séparé du reste de la montagne par une crevasse longue de 50 mètres et large de 10 à 15 mètres ; le sommet s'est éloigné de 15 mètres de l'endroit où il se trouvait ; la masse détachée ainsi lentement, a été suspendue en l'air, faisant courir un danger sérieux au village d'Elm, situé au pied de la montagne[2].

Dépressions lentes dans l'intérieur des continents. — Les mouvements du sol sont plus faciles à saisir

1. *The globe.*
2. *Feuilles locales,* 2e sem. 1882.

près de la mer, puisqu'elle fournit le plan de comparaison, mais si elles ont été moins frappantes dans l'intérieur, elles y ont cependant été observées. M. Ch. Koristka a signalé en Bohême, une dépression progressive au sud des sources célèbres de Carlsbad, à une distance d'environ 50 kilomètres. On voit du haut d'un plateau l'église du village d'Hohen-Zedlich, à 585 mètres au-dessus du niveau de la mer; à 3 kilomètres au-delà se trouve l'église d'Ottenreuth, à l'altitude de 550 mètres. Entre ces deux points s'étend une crête montagneuse élevée de 574 mètres et séparée de ces deux points par deux vallées. Cette crête est couverte de forêts. Il y a plus de trente ans que les habitants d'Hohen-Zedlisch assurent que leur plateau s'élève, car, à cette époque, on ne voyait du village que la pointe du clocher d'Ottenreuth, sans pouvoir distinguer le village lui-même, et présentement on voit plus de la moitié de ce clocher et déjà mieux les toits de quelques maisons d'Ottenreuth. M. Ch. Koristka a dressé un nivellement général de cette contrée pour des déterminations futures[1].

1. *Congrès des sciences géographiques*, 1875.

Une observation de cette nature avait été faite préalablement en Espagne, dans la province de Zamora ; du village de Villar-don-Diego on peut voir, depuis quelques années, la moitié supérieure du clocher de l'église de Remifazzes, dans la province de Valladolid ; tandis qu'il y a trente ans à peine, on ne pouvait en apercevoir la pointe. On a observé un phénomène analogue dans la province d'Alava, où on distingue du village de Salvatierra le clocher de Salduenda[1].

Depuis dix ans, on examine dans le Jura les changements qui se manifestent entre plusieurs points dans les environs de Lons-le-Saulnier ; les villages de Doucier, Marigny, Doucet, la cabane de Mounans qui ne pouvaient être vus l'un de l'autre au commencement du siècle et même, il y a quarante ans, sont aujourd'hui visibles entre eux ; on a d'abord distingué les toits des maisons, ensuite les murs avec des exhaussements progressifs[2].

Dans le département de l'Orne, on a constaté ce

1. Botello, *Les Mondes*, 1870.

2. M. Girardot, *Note sur le mouv. du sol... dans le Jura.* (*Mém. de la Société d'émulation du Doubs*, 1881.)

fait : On savait depuis longtemps que la cheminée de la filature située au fond du vallon de Saint-Pierre-Entremont ne recevait jamais les rayons du soleil du 5 décembre au 4 janvier. On s'est aperçu en 1885 qu'elle était éclairée tous les jours à midi. On suppose donc que le vallon s'est exhaussé ou que le mont Cerisy qui le domine s'est affaissé [1].

Entre Saint-Cernin et Couches à trente kilomètres d'Autun, il existe deux vallées que sépare une croupe arrondie, dont la ligne de faîte se développe à environ 1,200 mètres de Couches. Par-dessus cette croupe, on voit les maisons de Saint-Cernin et le regard peut plonger plus ou moins dans la vallée la plus voisine de ce village ; M. Segoillot a observé que ces maisons et une partie de la hauteur actuellement visible du mont Rome-le-Château étaient invisibles, il y a quelques années, de plusieurs points d'où l'on peut les apercevoir aujourd'hui. Ce fait a été expliqué en supposant que le sol de Couches et de ses alentours a dû s'élever récemment [2].

Remarquons que ces quelques exemples de

1. Feuilles locales, janvier 1885.
2. *Bull. de l'Association scientifique,* 1865.

dépressions se sont produits dans des localités exemptes de tremblements de terre et qu'aucune cause brusque n'est intervenue ; le sol s'est affaissé insensiblement n'attirant l'attention qu'à cause de l'intérêt scientifique. On peut donc en conclure qu'une multitude de faits analogues ont eu lieu sur de nombreux points du globe et dans des proportions que l'état actuel de nos connaissances nous permet seulement de soupçonner.

Mouvements lents concordant avec des tremblements de terre. — Le sol est perpétuellement ébranlé dans certaines régions, mais d'une façon tellement légère, qu'il faut avoir recours aux instruments sismologiques, qui peuvent quelquefois pronostiquer une secousse brusque. L'instabilité du sol est plus fréquente dans ces régions ; ailleurs, les mouvements bruques y sont la cause déterminante des mouvements lents.

Aux îles Sandwich, où les grands volcans Muna-Loa et Kilauca sont en activité, il en est résulté des secousses fréquentes, accompagnées d'un mouvement d'affaissements de la plage qui se continue insensiblement depuis 1868. Il est devenu tellement sensible que les indigènes qui habitaient sur le bord de la mer, ayant eu leurs cases submergées, ont été les rebâtir à deux kilomètres dans l'intérieur des terres. Il en résulte qu'ils pêchent actuellement à l'endroit où précédemment ils faisaient paître leurs troupeaux [1].

A la suite du tremblement de terre qui détruisit Valparaiso et d'autres villes du Chili (18 novembre 1822), tout le littoral se trouve exhaussé sur une longueur de plus de cent lieues. Cette zone de surélévation est encore reconnaissable à simple inspection; elle varie entre un et quatre mètres. De plus, le cours de plusieurs rivières a été modifié.

Sir Edward Nicholson qui résidait à Port-Nicholson a affirmé avoir vu toute une région de quatre mille six cents milles carrés se soulever lentement sur une hauteur de deux à sept pieds concordant avec un effet analogue à une secousse de tremblement de terre [2].

Le Dr Pilar a enregistré deux cas de mouvements lents dans la Croatie. Le premier a concordé avec

1. *Sydney Morning Herald.*
2. A. Issel, *Le oscillatione lente del suolo*... 1883, p. 290.

un tremblement de terre qui ruina Agram en 1880. Les habitants de Valiki-Vrh, petite région située près de la montagne d'Agram, ne pouvaient voir de ce point le clocher du village de Resnik, situé à dix kilomètres au nord, avant le tremblement de terre ; mais après il devint visible [1].

Le tremblement de terre qui a bouleversé l'Andalousie (décembre 1884) pendant plus d'un mois a provoqué loin du centre des secousses, des affaissements insensibles et des perturbations nombreuses. Dans la ville d'Albaïda, province de Valence, beaucoup de maisons se sont crevassées et quelques-unes se sont écroulées sans le moindre choc ; le terrain avait des contractions en différents sens. A Enguerra, dans la même province, deux montagnes autrefois séparées, se sont réunies et le sommet du mont Pascual s'est affaissé de cent mètres. Depuis un an, on avait remarqué que la chaîne des montagnes de Murcie située près Lorca, s'enfonçait lentement ; pendant le mois de janvier 1885, sa hauteur a diminué de cinq mètres. On a aussi remarqué dans

1. *Grundzüge der Abyssodynamik*, Agram, 1881, d'après A. Issel, *op. cit.*

quelques endroits de la province de Grenade que le soleil qui se lève sur les montagnes apparaît plus tard qu'auparavant. Ce fait indiquerait que la chaîne de la Sierra Nevada a été soulevée sur certains points. Près de Barcelone, à Badalona, la mer a reculé insensiblement de plus de deux mètres et le port de Masnou s'est avancé dans les mêmes proportions[1].

Ces oscillations du sol éloignées du centre de la secousse violente, n'ont apparu que comme le rayonnement de pulsations lointaines, dont la distance est indéterminable. Le professeur Koto a démontré qu'il existait de nombreux rapports entre les mouvements insensibles de l'écorce terrestre et l'activité sismique. D'après des études poursuivies au Japon, il résulterait que les côtes sud-est de ce pays s'élèvent graduellement, tandis que les côtes nord et sud s'enfoncent. Ce phénomène serait directement en rapport avec l'intensité sismique qui prévaut sur les côtes sud-est, ainsi que sur celles du nord et du sud ; aucune dénivellation n'a été enregistrée dans la région ouest qui est exempte de vibrations[2].

1. Feuilles locales.
2. *Proceedings of the Sismological society*, 1884.

Les observations de M. de Rossi sur les vibrations microscopiques en Italie reportées sur la carte, de façon à les grouper, concordent avec les parties du littoral où les dénivellations sont le plus accentuées. On peut donc, dans un grand nombre de circonstances, les considérer « comme des tremblements de terre avortés, ou des effets dus à une cause peut-être aussi violente, mais répartie sur un grand espace[1]. » On a du reste, dans ces dernières années, remarqué qu'il existait des relations concomittantes entre les tremblements de terre dans les deux hémisphères, comme entre celui de Java et celui d'Ischia (1883).

Cette activité sismique, latente dans la péninsule italienne, se traduit, sur sa côte occidentale, par de nombreuses traces de soulèvement. Les grottes de Menton et de Vintimiglia, creusées autrefois par les flots, sont aujourd'hui élevés au-dessus de la mer et forment une rangée d'arcades, taillées dans les parties friables et alternant avec les rochers plus durs. On les rencontre disséminées jusqu'à la Spezzia. A

1. J. Bourlot, *Réactions... Etude sur les denivellations séculaires...* 1866.

la grotte del Capre, au mont Circé, rocher isolé à l'extrémité des Marais-Pontins, on voit une zone perforée de lithophages à plusieurs mètres d'altitude. Sur toutes les côtes des environs de Naples et même des Calabres, il existe de nombreux témoignages de dénivellations importantes.

Oscillations du sol par suite de la température. — A un récent congrès de l'Association géodésique internationale [1], M. Andrae avait attiré l'attention relative au degré d'exactitude sur lequel il est permis de compter dans les points soi-disant fixes. En effet, en remesurant un triangle observé par Schumacher, M. Andrae avait trouvé des différences de plusieurs secondes, qui, pour deux angles, ont même atteint la valeur de 7″. Ces différences semblaient produites par des déplacements de la surface terrestre. Après avoir été contrôlées par des observations astronomiques, elles ont été attribuées au défaut de stabilité du sol sous l'influence de différentes circonstances météorologiques.

1. Hambourg, septembre 1878.

Des études sur les oscillations du sol ont été faites d'une manière suivie par le Dr Hirsch, à Neufchâtel. Il avait remarqué que la colline du Mail, sur laquelle est construit l'observatoire de cette ville, accomplit une oscillation annuelle régulière de l'est à l'ouest en été et de l'ouest à l'est en hiver, et, en outre, s'incline continuellement du côté de l'ouest. L'éminent astronome a constitué une longue série, non interrompue de plus de 6,000 observations s'étendant à une période de vingt-trois ans (1860-1884). Il a fait intervenir dans les calculs la correction de l'azimut de la lunette méridienne, qui, comme on le sait depuis longtemps, est soumise à de petits changements venant du sol qui se contracte.

M. Hirsch a constaté que la colline du Mail, formée de couches solides de calcaire jurassique, oscille chaque année autour de la verticale, soit 39″ en moyenne chaque été, de gauche à droite et 38″,2 en hiver de droite à gauche ; elle s'incline progressivement d'environ 24″ par an dans le même sens vers l'ouest ; depuis 1859, elle a penché de 550″. Ces deux phénomènes se rapportent à des causes différentes ; le premier suit de très près les vicissitudes des saisons ;

il est dû aux alternatives d'une couche terrestre peu profonde. Le second, au contraire, est progressif et s'opère chaque année vers l'ouest et ne dépend pas du tout de la saison ou de la température.

Pour le premier phénomène, M. Hirsch a dressé des courbes comparées de la température et des mouvements du sol à son observatoire. Il distingue trois périodes dans l'ensemble de la série de ses observations de 1860 à 1884. Chaque période est d'environ sept ans pendant lesquelles le côté ouest s'est définitivement abaissé, puis relevé, mais, en définitive, il s'est abaissé plus qu'il ne s'est relevé. Les courbes de température extérieure restent toujours parallèles aux variations d'inclinaison[1].

Pour le second phénomène, il aurait des rapports avec les taches solaires. Cette opinion est motivée par la remarque faite par M. Forster, directeur de l'Observatoire de Berlin, sur la périodicité de l'inclinaison de la lunette méridienne concordant avec un nombre plus ou moins grand des taches solaires.

M. Faye, après avoir examiné la question, pense

1. *Archives des sciences phys. et nat. de Genève*, II, 15 novembre 1884.

que le mouvement dépend uniquement de la constitution géologique particulière du Jura. Les assises calcaires n'adhèrent pas très bien, elles peuvent glisser les unes sur les autres, comme les pièces d'un meuble à coulisses; de plus, les pièces sont fracturées en divers endroits, présentant des cavités nombreuses dues à l'action des eaux. La colline du Mail étant couverte au sud de vignobles et au nord de forêts, la dilatation périodique est plus marquée au sud qu'au nord; la température agit ainsi sur les différents fragments de l'assise calcaire qui porte la lunette méridienne [1]. On peut rattacher cette manière de voir aux dépressions remarquées entre divers villages situés dans le massif du Jura.

Une série d'observations semblables a été faite par M. Plantamour, à Secheron, en 1878. Il a étudié les variations de niveaux de précision; l'un orienté à l'est, l'autre au nord; ils étaient retournés après chaque lecture et toutes les corrections nécessaires étaient faites. Les relevés ont eu lieu cinq fois par jour, et les courbes de la variation et des températures

1. *L'Astronomie*, n° 1, p. 297.

tracées pour une année entière; elles ont démontré une concordance remarquable dans le parallélisme. Les niveaux ont accusé des mouvements d'élévation et d'abaissement périodiques : « 1° Dans la direction de l'est, on a noté une oscillation annuelle dont l'amplitude totale a été de 28″08, du 1er octobre au 30 septembre. Cette oscillation annuelle était accompagnée le plus souvent d'un mouvement diurne dont l'amplitude a varié de 0″ à 3″2 pour un jour donné dans le même temps; 2° dans la direction du nord au sud, il se produisit aussi une oscillation annuelle, mais plus faible, dont l'amplitude, pour la même année, a été de 4″89, accompagnée d'un mouvement diurne toujours faible et irrégulier [1]. »

Selon M. Deville, les mouvements du terrain s'expliquent par la propriété des roches granitiques d'éprouver, d'après des variations thermiques, des mouvements moléculaires brusques, semblables à ceux qu'éprouve le verre.

Perturbations dans les observations astronomiques

1. *Archives des sciences phys. et nat. de Genève*, n° 12, 15 décembre 1879.

attribuées à l'instabilité du sol. — Les astronomes ont remarqué, depuis longtemps, qu'il existe des changements d'angle dans les opérations vérifiées un certain temps après leur détermination. M. Henry avait fait un relevé des variations du niveau de la lunette méridienne à Cambridge, de 1834 à 1842, et à Greenwich, de 1836 à 1845. Il concluait ainsi : « Il paraît qu'à Greenwich comme à Cambridge, l'Y occidental de la lunette méridienne est plus haut d'environ 2″5 à l'équinoxe du printemps qu'à celui de l'automne, et que, dans le premier, il est plus vers le sud que dans le second. Cette déviation azimutale serait d'environ 2″ [1]. » M. Ellis avait aussi étudié les variations d'azimut et de niveau pour le cercle méridien de Greenwich de 1851 à 1858. Ayant rapproché la courbe de ces variations de celles de la température, il a fait observer, avec juste raison, que ce ne sont pas les températures d'air ambiant que l'on devrait comparer aux variations, mais bien mieux les températures prises à quelques mètres de profondeur [2]. Le colonel Ch. Van Orff, à Munich, a

1. *Monthly Notices*, vol. VIII.
2. *Mem. of the Royal astronomical society*, XXIX vol. 1859.

fait une série d'observations sur la contradiction des niveaux des instruments astronomiques ; il l'attribuait aux changements de température des appareils, suivant le lieu d'exposition.

A l'observatoire astronomique du Chili, situé sur la côte de Sainte-Lucie, près Santiago, il existe, suivant M. Moesta, des abaissements et des élévations alternatives du sol, tellement sensibles, qu'il faut en tenir compte dans les calculs astronomiques. Ces effets sont connus d'après des tables dressées pour vingt-quatre heures, suivant les saisons . M. Cassagna, officier de la marine italienne, rapporte qu'ayant fait des observations sur la tour de Saint-Pancrace, à Cagliari, pour déterminer la longitude entre Rome et ce point, il a constaté un écart maxima de 0,4″ pour un rayon de 0,40 cent. Cette oscillation était quotidienne et résultait d'une dilatation superficielle du sol [2].

Les différences affectant les observations paraissent donc produites par des changements de la surface terrestre, circonstance qui complique la géo-

1. Issel, *Li oscillatione lente del suolo...*, p. 373.
2. Issel, *Loc. cit.*

désie. Mais les anomalies, rencontrées fréquemment, portent à croire que ces changements ne sont pas uniquement occasionnés par des variations de température, mais que la configuration, et peut-être aussi la constitution du sol, doivent exercer une influence notable sur l'intensité des perturbations dont les instruments astronomiques sont quelquefois affectés.

Effets hygrométriques. — Puisque certains mouvements brusques sont une conséquence de l'action dissolvante des eaux intérieures, qui s'infiltrent à travers les crevasses et fissures, elle peuvent déterminer pareillement des déformations superficielles. Ces effets sont analogues à ceux que provoque la rupture d'une conduite d'eau dans la terre ; l'eau dissout les matériaux du sol et forme une cavité qui finit par céder et produire une dépression superficielle.

L'humidité répandue sur un terrain hygrométrique devient pareillement un agent transformateur. La tourbe, qui constitue les marécages composés de mousses et de plantes aquatiques, retenant l'eau en grande quantité, augmentant de volume, produit une expansion.

Certaines terres argileuses ont aussi des propriétés analogues. Des expériences ont été faites par M. Delibon sur le *bri*, qui existe en amas considérables dans toutes les alluvions des côtes du Poitou; cette terre, mouillée d'eau douce ou d'eau salée, se gonfle et acquiert un volume supérieur à celui qu'elle avait à l'état sec. On a même supposé que cette propriété avait concouru au comblement de l'ancien golfe du Poitou.

Les terrains contenant du sulfate de calcium anydre en amas volumineux, ont la propriété de faire soulever les roches environnantes. Ce phénomène s'est manifesté dans le Harz, à Ellerich, sur une couche ayant un mètre trente centimètres d'épaisseur[1]. Sterry-Hunt a constaté la conversion d'un calcaire en grès sous l'action de sources contenant de l'acide sulfurique; un rocher de plus de cent mètres de diamètre a été soulevé par suite de la transformation du calcaire.

La transformation de carbonates de chaux en sulfates hydratés donne lieu à un foisonnement qui, sui-

1. A. Issel, *Loc. cit.*

vant les circonstances apporte des changements superficiels. Il existe un remarquable exemple de cette augmentation de volume en Algérie, dans la coupure même du Chélif, à quinze kilomètres de Mostaganem, au-dessus du petit village de Pont-du-Chélif; c'est un mamelon isolé qui semble avoir poussé comme un champignon dans la plaine d'alluvion de la rivière, et dont la formation semble devoir être attribuée à un amas lenticulaire de gypse [1].

1. Ville, *Géologie de l'Algérie.*

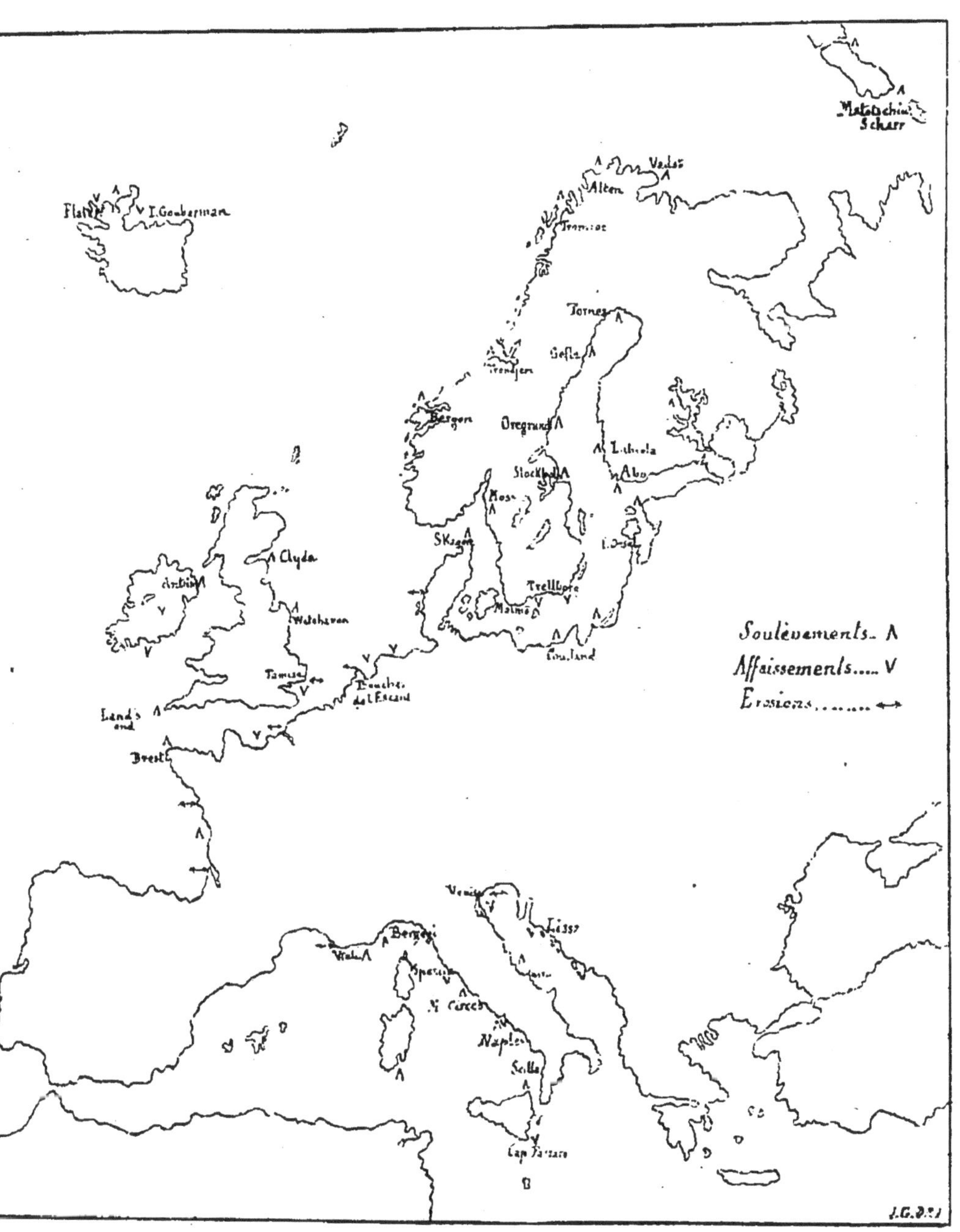

Principaux soulèvements et affaissements locaux contemporains en Europe.

VII

LA DÉPRESSION LITTORALE DES PAYS-BAS

Les temps historiques. — D'après les commentaires de César, le sol des Pays-Bas était couvert de bois confondus avec des marécages ; la partie occupée par la Hollande s'appellait la Forêt-sans-Pitié. Les premiers habitants s'établirent un an avant l'ère chrétienne dans une île sur le Rhin, qu'ils nommèrent *Bet-auw*, bonne prairie ; c'est l'origine du nom des Bataves. L'île des Bataves était habitée au temps de Tacite ; aujourd'hui, elle est submergée. Germanicus aurait fait équiper une flotte de guerre près de cette île des Bataves et l'aurait conduite vers la haute mer par les lacs et le canal de Drusus.

Abraham Ortelius a fait figurer, dans une carte dressée par lui en 1584, les anciennes configurations du pays avant l'existence du Zuiderzée, qui ne date que de la fin du XIIIe siècle. A sa place s'étendait une région marécageuse, que Pomponius Mela désigne sous le nom de *Lacus Ingens*; Tacite décrit, parmi les lacs de la Frise, le lac Flevo, qu'il qualifie d'*immensus*. Il était réuni à la mer par une rivière de même nom, la rivière *Flevum*, dont le cours suivait à peu près celui du canal actuel *Het-Vlie*, qui sépare les îles de Vlicland de Terschelling. Les envahissements successifs s'étendirent et formèrent le Zuiderzée. D'après Alting (1701), l'île de Wicringen, au sud du Texel, faisait encore partie du continent en 1205; puis il fut séparé définitivement en 1251, à la suite d'inondations répétées. Au commencement du xve siècle, la région du nord avait été engloutie; il ne restait plus que les îles de Terschelling et d'Ameland[1].

Les commentaires de César et les plus anciens documents géographiques nous représentent pareillement la Flandre comme une région couverte de roseaux, de buissons et de marécages, au milieu de laquelle les eaux de la mer se confondaient avec les eaux stagnantes. Elle est indiquée sous le nom de

1. M. le comte Meyners d'Estrey.

Flandia Estuaria, et au moyen âge sous celui de Flandre Forestière ou Bocageuse. On y retrouve souvent mentionnés les marécages du pays des Morins, *Paludes Morinorum*, dominés au sud par le *Castellum Menapiorum*, aujourd'hui la ville de Cassel, située sur une éminence de 175 mètres d'altitude. A l'époque romaine, la mer s'étendait jusqu'à Saint-Omer (*Sithu*). Les *Moëres*, les anciens marais des Morins, subsistent encore ; ils forment des prairies situées au-dessus du niveau de la mer, où l'écoulement des eaux ne peut avoir lieu qu'avec le secours de moyens artificiels.

Inondations. — Aux temps historiques, les Pays-Bas n'étaient qu'un immense marécage couvert d'une végétation moitié terrestre, moitié aquatique. Les flots de la mer du Nord, poussés par les violentes tempêtes d'hiver, gagnèrent toujours sur ce sol bas et sans protection. Les chroniques font mention de ces invasions de la mer depuis l'an 340 de notre ère [1]. Elles rapportent d'épouvantables mal-

1. Trapp.

heurs sur les côtes de Frise et de Danemark. Si l'on compare les cartes de Mercator, d'Hondius et de

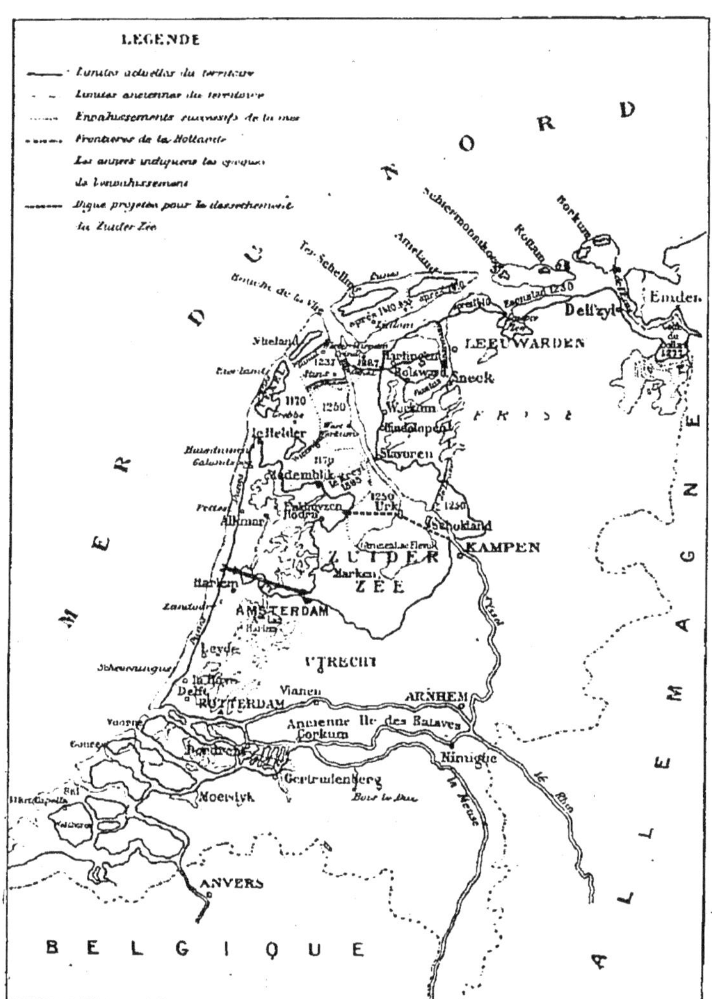

Les dépressions du littoral des Pays-Bas.

Jansonius, qui donnent des détails sur tous ces envahissements progressifs, on y remarque une différence frappante entre la topographie de la côte en 1200 et celle de 1600, époques où ces cartes ont été dressées. Les îles citées par Suetone, Pline et Tacite, ont été emportées vers le XIIIe siècle.

Les invasions de la mer se sont répétées à toutes les époques, presque tous les ans, causant des dégâts d'autant plus grands que les effets ont été moins prévus. La tradition rapporte qu'en l'an 1230, plus de cent mille personnes furent noyées dans la Frise, la partie du territoire la plus accessible aux inondations. En 1470 et 1530, cette province fut aussi ravagée de la même façon; plus de vingt mille personnes furent englouties. Le Biesbosch (Bois de joncs), près de Moerdyk, fut envahi pendant une tempête dans la nuit du 18 novembre 1421, 35 villages furent submergés; ils ne reste plus aujourd'hui à cette place que des marécages à fleur d'eau. L'inondation de Noël 1717 enveloppa la ville de Groningue et fit périr plus de douze mille personnes avec tout leur matériel agricole.

De nos jours, le fléau est mieux conjuré; on a élevé des digues sous la surveillance directe d'une administration spéciale. Ceci n'empêche pas cependant certaines irruptions subites dans les polders les plus bas, comme en 1825, où tout le Waterland fut submergé entre Zaandam et Alkmar. Tout le littoral des Pays-Bas n'est habitable que parce que les habitants mettent continuellement un frein à la fureur des flots. Heureusement que sur le rivage qui n'est pas entrecoupé par les embouchures des fleuves, l'Océan a élevé des barrières naturelles, les dunes. La chaîne des dunes littorales est d'une largeur variant de trois kilomètres à 15 ou 20 mètres; leur hauteur est très variable.

Sur tous les points où les dunes font défaut, les industrieux habitants ont élevé des digues puissantes contre les inondations. Il est à remarquer qu'elles sont d'autant plus élevées qu'elles sont voisines du littoral ou de l'entrée d'un des nombreux estuaires. Dans l'intérieur du pays, elles affectent des proportions restreintes, et ne sont faites qu'avec de simples fascines recouvertes de terre. Près de la mer, elles sont plus élevées; une des plus monumentales est celle de West-Kappel, dans l'île de Walcheren; elle a 3,800 mètres de longueur et s'élève à 7 mètres au-dessus des plus hautes mers; elle a été reconstruite depuis 1808, époque à laquelle l'ancienne digue fut rompue et l'île entièrement submergée. « La digue du Helder s'élève à 12 mètres au-dessus de la mer et descend à 64 mètres de profondeur plus bas que les vagues, sous un angle de 40 degrés. »

Les nombreuses îles disséminées à l'entrée de l'Escaut, de la Meuse et sur le rivage de la Frise, sont toutes défendues par des digues ; elles protègent les *polders*, ou vastes enclos de terrains bas convertis en prairies, dans lesquels les eaux de pluie ou d'infiltration s'accumuleraient, si elles n'étaient perpétuellement extraites artificiellement. Au moyen des endiguements, il a été reconquis sur les eaux, depuis le XVIe siècle, trois cents quatre-vingt mille hectares[1]. Depuis le commencement du siècle, ces conquêtes progressives atteignent une moyenne de trois hectares par jour. Après avoir rendu à la culture la mer de Harlem, on a entrepris un dessèchement qui surpassera tout ce qui s'est fait jusqu'ici : celui du Zuiderzée. On restituera au pays un tiers

1. Staring.

du territoire qui lui a été dérobé au moyen âge par les inondations.

Preuves de l'affaissement. — Quand la mer a pénétré dans un terrain plat comme celui des polders, elle affouille ensuite le sol avec l'aide du vent et des marées; les tempêtes suivantes continuant l'œuvre commencée, la terre reste couverte par les eaux.

Les digues ont besoin d'être surélevées chaque siècle sur toutes les rives du Waterland; on a regardé cette nécessité d'exhaussement comme une preuve d'affaissement graduel; certains statisticiens ont voulu démontrer, d'après les observations isolées sur quelques points des digues, que la progression était variable suivant les époques. Elle aurait été de 9 millim. au xve siècle, tandis qu'elle atteignait 25 mil. par an au xviiie [1]. Ces appréciations ne peuvent être correctes que s'il a été tenu compte du tassement des matériaux composant la digue elle-même, soumis à l'affouillement par les courants de marée.

Ce que César et le panégyriste Eumène nous ont

1. J. Bourlot.

transmis de l'état des marées, semble indiquer que la situation a peu varié sur certains points. Dans les provinces de Gueldre et d'Overjissel, les travaux de protection exécutés au VIIIe siècle ont conservé leur niveau. Beaucoup d'autres citations relatives à des localités distantes du littoral sont à l'appui de la stabilité du sol.

Mais ailleurs l'affaissement est évident; « on cultive aujourd'hui beaucoup de parties de la Hollande, dont le sol est à 8 mètres au-dessous des hautes mers ordinaires et à 10 mètres au-dessous des hautes mers d'équinoxe.[1] ». Ces localités sont dans le voisinage immédiat de la mer; pour certaines, la dépression aurait été progressive. « Jusqu'en 1408, les polders écoulaient leurs eaux à marée basse par des « clapets. » L'affaissement progressif du sol finit à cette époque par paralyser ce mode d'assèchement. Des moulins à vent durent être établis sur les digues pour suppléer aux clapets qui ne fonctionnaient plus. Deux siècles plus tard, en 1616, grâce à un repère pris en 1452, on put constater que dans cet intervalle le sol s'était affaissé de $1^m,25$, ou de $0^m,75$ par

1. Élie de Beaumont, *Leçons de géol. pratique*, 1845.

siècle; en 1732 l'opération fut renouvelée; elle donna, pour 116 années, un affaissement de $0^m,31$ seulement, ce qui correspond à $0^m,26$ par siècle pour cette période[1] ».

Les premiers moulins à vent destinés à l'épuisement des eaux dans le voisinage du Zuiderzée datent de 1452; préalablement elles pouvaient s'y écouler directement à marée basse; en 1616, on fut contraint de changer les appareils d'épuisement; les eaux de la basse mer arrivaient à $1^m,25$ plus haut que le sol des polders; après 1732, le mouvement d'affaissement se poursuivit avec moins de rapidité; il correspondait à $0^m,25$ par siècle.

La submersion progressive a rendu impossible l'écoulement de certains cours d'eau, qui se jetaient autrefois directement à la mer. Parmi ceux-ci, on cite le seul bras du Rhin, qui dans l'ancien estuaire de l'Escaut ait conservé le nom de Vieux-Rhin. Au siècle dernier, au lieu de se jeter directement dans la mer, il avait fini par aboutir à un marécage, son embouchure ayant été obstruée par les sables. De-

1. Alph. Esquiros, *La Néerlande*. (*Revue des deux Mondes*, 15 juillet 1855.)

puis 1807, on a ouvert un canal à Katwyk, au moyen duquel, les eaux, passant par un formidable système d'écluses, peuvent s'écouler à marée basse à un point où la marée s'élève à 3m,40 au-dessus de la plaine traversée par le Vieux-Rhin.

Pendant que le littoral a une tendance à la submersion progressive, les plaines arrosées par le cours moyen de l'Escaut paraissent conserver un niveau identique depuis les temps historiques par l'existence des centres de population. Les habitants primitifs, afin de s'assurer la possession d'îles fertiles en pâturages, mais partiellement submergés, y construisirent des monticules artificiels sur lesquels ils établirent leurs demeures; on les rencontre encore distinctement disséminés sur différents points de l'intérieur. On les nomme *werden* ou *terpen* en Hollande, et *doncken* en Belgique; ils sont formés de couches successives de fumier et de terre. En les fouillant, on a trouvé des objets antiques remontant à l'âge de pierre ou du bronze, et même des antiquités Carthaginoises[1].

1. H. Wauwermans, *Étude sur l'hydrog. de la Flandre sept.* (*Bull. de la Soc. de Géog. d'Anvers*, tome II, 2e fascicule.)

La région moyenne des Pays-Bas a participé aux alternatives de submersion tantôt par l'eau douce, tantôt par l'eau de mer. Dans un forage pratiqué à 38 mètres, à Utrecht, on a retrouvé dans les couches supérieures des dépôts marins dans lesquels des coquilles d'eau douce étaient mélangées [1]. On a aussi constaté dans le sol de Gorinchem, sous des alluvions modernes, des fossiles marins s'étendant jusqu'à la profondeur de 121 mètres. Les indications, souvent contradictoires, fournies par les observations dans la région moyenne, tendent à démontrer une série de phénomènes complexes confondus les uns avec les autres.

Le régime des marées et la submersion littorale. — En examinant la topographie sous-marine des embouchures de la Meuse et de l'Escaut, on peut être facilement convaincu que les fonds sont violemment remués par les courants; les nombreux épis alignés sur toutes ces rives indiquent qu'elles ont besoin d'être protégées contre eux. Au large, ils ont modelé

1. A. de Laveleye, *Affaissements et envasements des fleuves.*

les fonds sablonneux, creusé des chenaux allongés dans les parties où ils ont plus d'activité, et laissé des bancs dans les endroits où l'eau est plus calme.

Le fond de la mer du Nord, en face des côtes des Pays-Bas, consiste en une plaine sous-marine sablonneuse peu profonde, qui s'étend sans pente sensible entre le continent européen et le plateau des îles Britanniques. Quand la marée vient de l'Atlantique, elle monte dans la mer du Nord avec un courant du nord-ouest, tandis que la Manche monte avec un courant du sud; il y a donc deux courants qui se trouvent en présence au moment de la pleine mer; il en résulte une direction tournante prise par un des deux courants qui se rencontrent sur les côtes de Hollande, où il se produit de remarquables effets d'érosion qui ont contribué à les bouleverser. Les levers hydrographiques récents comparés aux cartes de Beautemps-Beaupré, les plus anciennes auxquelles on puisse accorder confiance, n'indiquent cependant pas de différences sensibles dans les traits principaux des bancs du large; mais : « les différences ne se manifestent que près de terre et surtout dans l'embouchure de l'Escaut. A mesure qu'on s'approche de ces embouchures, les déplacements de ces bancs deviennent sensibles et dans l'intérieur du fleuve ils suivent les modifications de son régime, selon des lois très intéressantes que les sondages ont permis de reconnaître[1]... » Ces recherches sont d'autant plus délicates que l'hydrographie n'existe que depuis le commencement du siècle, et encore les erreurs sont nombreuses dans les travaux de cette époque.

Les relevés contemporains, comparés entre eux, confirment la mobilité perpétuelle auxquels sont soumis les fonds des estuaires du littoral des Pays-Bas. Dans une série de douze cartes relevées par le service hydrographique de Belgique, représentant les fonds de la partie de l'Escaut entre Anvers et la mer, on a tracé, de six mois en six mois, les variations du chenal[2]. Les fonds de huit mètres étant ceux que suivent les navires, sont figurés par une teinte plus foncée. Le simple aspect de cette série de cartes démontre qu'en quelques mois les bancs se reportent tantôt d'un côté, tantôt d'un autre, et disparaissent pour se reformer plus loin.

1. Stessels, *Mém. Compte rendus du Congrès d'Anvers*, 1871.
2. Figurait à l'Exposition universelle d'Anvers, 1885.

D'après Staring, la dépression graduelle des terres endiguées serait causée par le poids des digues qu'on surélève toujours sur un sol d'alluvion, le niveau des polders littoraux ne cessant de s'abaisser sur tout le littoral. Il est aussi à remarquer que les matériaux accumulés par les efforts des eaux et le régime compliqué des marées, concourent à la formation des bancs et de seuils qui retardent, dans certains endroits, l'écoulement des eaux. Enfin les nombreux endiguements, la conquête toujours ardente de la terre sur les eaux, resserrent toujours les canaux et produit une surévélation du niveau. L'expérience a démontré qu'après les endiguements le niveau des terres endiguées semblait baisser encore. On cite des cas où l'écoulement des eaux intérieures, qui se faisait à marée basse naturellement, n'ont pu se faire après des endiguements trop resserrés; il fallait alors avoir recours à l'épuisement mécanique. Pour édifier les générations futures sur l'instabilité du sol des Pays-Bas, l'Académie des sciences a fait établir une série de repères reliés entre eux au moyen d'un nivellement général.

VIII

OBSERVATIONS SUR LA PÉNINSULE SCANDINAVE

Comparaison d'après les repères contemporains. — La péninsule scandinave est la seule région du globe où la question des dénivellations littorales ait été étudiée, d'après des repères fixes, et dont les plus anciens remontent à un siècle et demi. Ils forment une série de chronographes géologiques destinés à fournir des indications sur les mouvements imperceptibles du sol.

Depuis un temps immémorial, les paysans du golfe de Bothnie avaient reconnu le retrait de la mer, d'après les traces laissées par les flots sur le sol et la présence de constructions maritimes éloignées des rivages. Ainsi Lulèa, fondée par Gustave Adolphe au bord de la mer, a été reléguée à plusieurs kilomètres dans l'intérieur des terres depuis cent cinquante ans ; on a dû créer, pour les besoins actuels, un nouveau port de mer.

Il y a un siècle et demi, le suédois Celsius voulut vérifier la baisse des eaux de la Baltique; en 1730, il gravait un repère sur des rochers des îles Loëffgrund; au bout de treize ans, il trouva une différence de dix-huit centimètres, d'où il couclut que le niveau

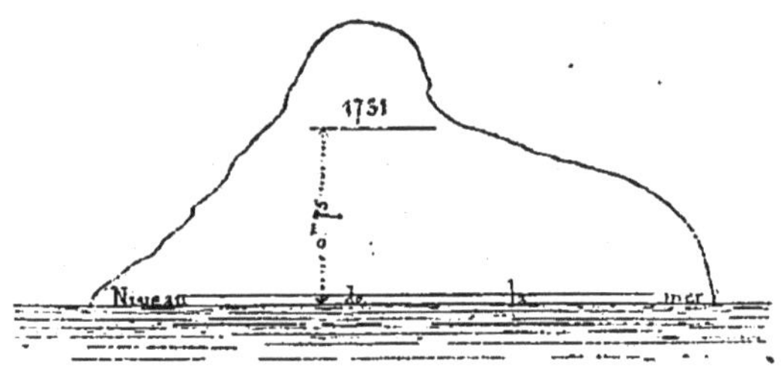

Rocher marqué par Celsius aux îles Loëffgrund.

de cette mer baissait de 0^m,989 par siècle. Ce fut le point de départ d'une série d'études nouvelles; l'Académie d'Upsal mettant le sujet à l'étude, faisait entrer la question dans la voie expérimentale.

Depuis Celsius, on a reconnu en effet que les modifications se manifestaient sur un grand nombre de points. En 1836, Nilsson avait vérifié qu'une pierre marquée par Linné en 1749, près de Tallborg, se trouvait plus éloignée de 120 mètres du point où elle avait été marquée quatre-vingt-sept ans auparavant. En

1777, Pallas reprenait les constatations, qu'il rattachait aux soulèvements des montagnes par l'effet des phénomènes volcaniques, combattant ainsila théorie des affaissements lents du littoral. En 1807, Playfair et L. de Buch, reprenant les travaux de leurs prédécesseurs, conclurent aux mouvements du sol lui-même; combattant l'idée du changement dans le niveau de la mer, comme on l'avait accepté jusqu'alors.

Les observateurs qui se succédèrent depuis cette époque ont été unanimes dans leurs remarques sur l'enfoncement progressif de la partie méridionale de la Scanie et l'élévation du littoral septentrional de la Suède. Plusieurs parties du territoire des villes de Trellborg, Ystad, Malmoë, ont disparu sous les eaux; à Malmoë, le littoral s'est affaissé de 50 centimètres et la mer a gagné depuis le commencement du siècle une zone de 30 mètres de large. Sur la même côte entre Ystad et Falterboë, elle recouvre aujourd'hui des couches de tourbe, dont l'épaisseur varie entre 1^{m},20 et 2 mètres; ces couches sont composées de plantes terrestres, mélangées à des coquilles d'eau douce et par endroits, à des pointes de lances en silex.

A la suite des travaux de Forssmann, qui ont confirmé à une époque plus récente encore, les mouvements du littoral suédois, l'Académie d'Upsal fit vérifier en 1884 la nouvelle série de treize repères établis en 1851, depuis les bouches de la Tornéa jusqu'à la Naze ; en agissant ainsi, l'œuvre immortelle de Celsius était continuée. D'après le travail de la commission, le mouvement d'élévation se poursuit dans le nord et l'affaissement persiste dans le sud. La ligne de partage sur laquelle il n'y a pas de changement perceptible, passe de la Suède au Schleswig-Holstein par Bornholm et Laland. Ces résultats, comparés avec les observations faites dans le principe, c'est-à-dire depuis une période de cent trente-quatre ans, démontrent que depuis cette époque, la partie nord de la Suède s'est élevée de 2^{m},10; cette rapidité d'élévation décline en allant vers le sud; elle n'est plus que de 0^{m},30 à la Naze et nulle à Bornholm, qui reste au même niveau, comme au milieu du siècle dernier. En moyenne, l'élévation a été de 1^{m},60 pendant les cent trente-quatre dernières années [1].

1. *Mém. de l'Acad. d'Upsal*, 1884. Cf. *La Nature*, 18 décembre 1884.

La façon dont l'abaissement et l'élévation de la péninsule se produit, l'avait fait comparer par le géologue anglais, sir Roderick Murchison, à un « mouvement de bascule » ou à un plan tournant autour d'une charnière dont l'axe serait situé près de Kalmar, où le sol paraît être stable. Mais, si ingénieuse que soit cette manière d'envisager les oscillations, elle est incorrecte dans les détails, puisque les mouvements ne sont pas uniformément répartis autour d'un axe neutre. Ainsi on a observé sur la côte de Suède, près Gefle, un soulèvement rapide de $0^m,60$ à $0^m,90$ par siècle, tandis qu'à Stockholm, l'émergence est à peine de 15 millimètres par siècle et qu'à Sœdertelge, peu distant de cette dernière ville, le rivage reste immobile. A côté de l'enfoncement progressif de la pointe de la Scanie, la pointe du Jutland s'élèverait de $0^m,30$ par siècle [1]. Cependant les côtes du Danemark, exposées aux fureurs de la mer du Nord, où les érosions se propagent sur une vaste échelle, conserveraient leur fixité depuis la période préhistorique; les Kjœkkenmœd-

1. Forchammer.

dings, ou accumulations de débris de cuisine, qui n'ont qu'une hauteur de quelques pieds au-dessus de la mer, ont été conservés à leur niveau primitif depuis les temps les plus reculés.

L'ensemble de ces faits semble prouver que les exhaussements sont souvent voisins des affaissements. Comme il n'existe aucune règle générale à ce sujet, il est plus simple d'admettre, d'après le géologue suédois Erdmann, que ces mouvements, au lieu d'un caractère oscillatoire, sont simplement ondulatoires [1]. On retrouve du reste ce caractère ondulatoire dans tous les terrains stratifiés.

Exhaussement des côtes de Norwège. — Les côtes Norwégiennes n'ont pas été repérées comme celles de Suède ; cependant l'Académie des sciences a fait établir en 1839 vingt-sept marques, situées principalement près du cap Lindesnæss [2]; les relevés exécutés en 1865 ont indiqué un soulèvement évalué à $0^m,03$ par siècle. Depuis l'extrémité sud jusqu'au cap

1. Axel Erdmann, *Geol. För.*, Stockholm, Förhand, t. I.
2. Halm, d'après *Zeitschrift der Gessell. für Erkunde,* XIII, 1878, p. 318.

nord, il existe de nombreuses traces naturelles d'élévation gravées dans les innombrables découpures des fjords, témoignages des violentes contractions auxquelles elles ont été soumises. Cette élévation serait une contre-partie de l'affaissement de la

Terrasses parallèles dans les fjords.

côte orientale de la péninsule, mais avec cette différence qu'il n'y aurait ni la rapidité, ni la régularité de mouvement dans la dénivellation de cette dernière. On pourrait aussi la comparer à un autre mouvement de bascule dont l'axe serait la chaîne des Kiœlen, ou Alpes scandinaves, qui partage la péninsule en deux parties.

A Christiania les mouvements du sol seraient nuls [1],

1. Eugène Robert.

mais à Moss, qui est peu éloigné, il y a une élévation de $0^m,31$ par siècle [1]. On a rencontré, selon T. Kjerulf, des terrasses surélevées à des hauteurs variables sur la côte dans cent trente-sept points différents. Dans Hardanger fjord et Sogne fjord, les deux découpures les plus profondes du littoral, elles atteignent l'altitude de 80 mètres ; il existe même des localités, au sud de Bergen, où l'on compte six terrasses parallèles [2]. A Grœtness, au bord même de la mer, les terrasses affectent sensiblement le caractère des « routes parallèles » de Glen Roy, en Écosse, exemple célèbre des soulèvements d'un bassin lacustre ; chacune des zones ayant été soulevée à des époques différentes, l'entre-deux des lignes d'érosion représente la période de soulèvement, tandis que la bande d'érosion indique celle de la stabilité.

Dans le fjord de Trondhjem, il existe des bancs de coquillages modernes dont le plus élevé atteint 178 mètres [3]. Il est à remarquer que dans le banc supérieur il ne se trouve pas d'espèces vivant

1. T. Kjerulf, *Steurigetog Fjeldlären.*
2. Petersen.
3. Mohn, *Nyt Magazine...*, Christiania, 1876.

actuellement dans les fjords voisins, mais bien des espèces arctiques ; ceci indiquerait une élévation

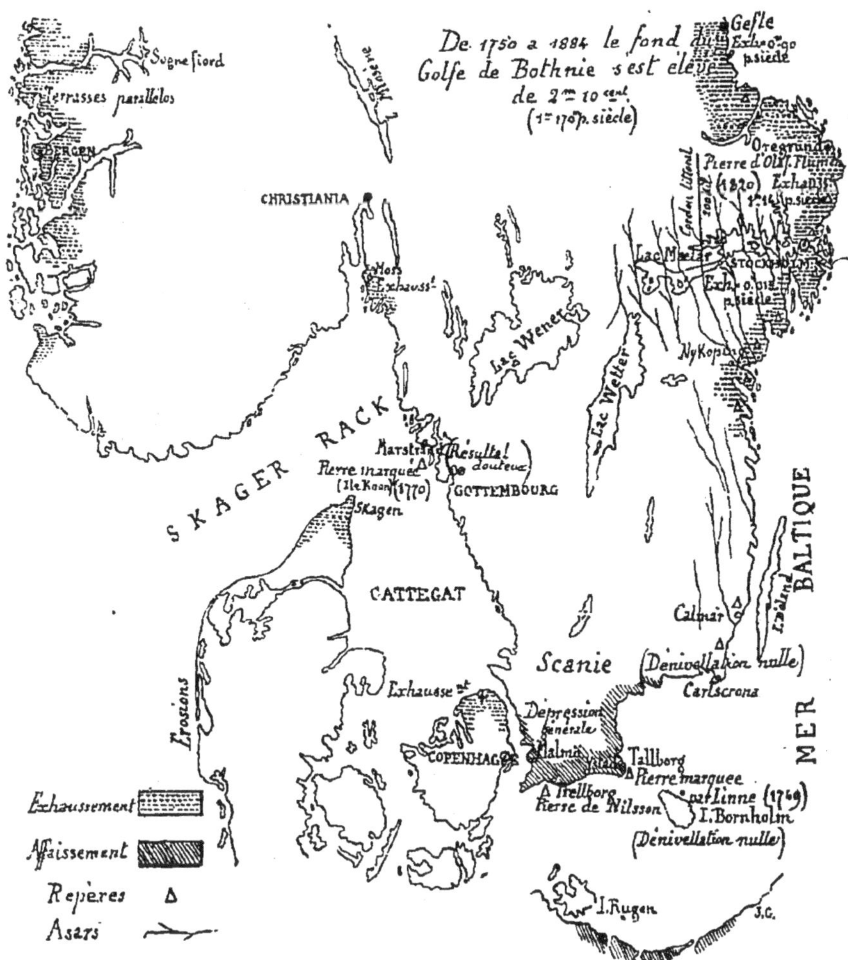

Exhaussements et affaissements de la partie méridionale de la péninsule scandinave.

progressive de la température de la mer. Malgré cette observation, les avis sont partagés sur les alternatives des côtes du fjord de Troudhjem; le professeur Kleilhau[1] n'y voit aucune dénivellation importante. Mais Vibe signale au cap Kuno, près Stoëstsund, un détroit qui anciennement pouvait être franchi à marée basse par les bateaux d'un tirant d'eau assez fort; aujourd'hui le passage est impraticable aux mêmes bateaux. Vibe estime l'élévation en cet endroit à un pied par siècle. D'autre part, Forchammer a estimé que dans ce fjord la ligne du niveau moyen de la mer, se serait abaissée de 6 mètres depuis mille ans.

Sur toute la côte de Finmark, on retrouve des terrasses parallèles; Mohn en a signalé près de Tromsë, qui s'étagent sur une hauteur maxima de 12 mètres. La ville est bâtie sur une ancienne plage surélevée, où l'on foule aux pieds des lits entiers de coquillages vivant encore dans les fjords environnants. Le même observateur a encore retrouvé des terrasses parallèles dans l'Altenfjord; elles ont été examinées par Bravais, près de Bossekop[2]; les deux banquettes sont situées à l'altitude de 67 et 27 mètres; elles

1. *Nyt. mag. f. natur.*, Ier vol. p. 168, et Issel... *Passim.*
2. *Voy. en Scandinavie à bord de la* Recherche.

pourtournent le fjord jusqu'à son entrée, près d'Hammerfest, où elles ne sont plus qu'à 28 et 14 mètres. Des traces aussi grandioses des mouvements du sol n'ont été taillées qu'avec un temps considérable.

Les tendances à l'exhaussement sont manifestes jusqu'à l'extrémité septentrionale de la péninsule. Dès 1749, le géologue autrichien Hell avait cru reconnaître à Maasœ « que la surface de l'Océan boréal s'abaissait au Cap Nord, »[1]; à cette époque les notions sur les mouvements du sol étaient encore confuses. M. Mohn a reconnu, dans le Varangerfjord, aux environs du Cap Nord, l'existence de sept terrasses, dont l'altitude maxima est de 91 mètres. Elles sont surtout évidentes à Vadsö, le port le plus septentrional de l'Europe, où elles forment des degrés cyclopéens étagés les uns au-dessus des autres; chacun d'eux représente une ancienne plage surélevée, couverte de galets de mer. Dans ces parages, à Sydvranger, M. G. Pouchet a constaté des couches de sables coquilliers à 18 mètres de hauteur[2].

1. Oscar Peschel.
2. *Expédition française en Laponie*, 1881.

Les deux côtes opposées de la péninsule semblent s'élever ; le fait est rendu évident par le repérage pour la côte suédoise ; mais pour la côte norwégienne, il faut s'en rapporter aux témoignages rattachés à des époques mal déterminées. Pour termes de comparaison, on a d'un côté l'Océan, le plan de nivellement général du globe ; de l'autre la mer Baltique, soumise à toutes les vicissitudes des bassins intérieurs, circonstance méritant une attention particulière.

Les variations du niveau de la mer Baltique. — Cette mer ne communiquant avec l'Océan que par plusieurs détroits, est exempte des influences des marées ; il règne dans ces passages des courants variables, résultant de l'amplitude des marées et de la direction des vents du large ; ils remuent les fonds et finissent par former des seuils qui modifient l'écoulement des eaux.

La pression barométrique, s'exerçant différemment entre le fond du golfe de Bothnie et le bassin méridional, peut produire des dénivellations sensibles. Le vent agit pareillement en déprimant la surface ;

quand il souffle du sud, il accumule l'eau dans le fond du golfe, où le niveau s'élève; au lieu qu'avec les vents du nord, le contraire se produit. On sait du reste, depuis longtemps, qu'avec les vents du sud, le niveau de la mer s'abaisse vers le milieu du bassin, à la latitude de Stockholm; avec ces changements, il résulte une différence d'équilibre entre le niveau du lac Malar et celui de la Baltique. Dans le premier cas, les eaux du lac s'écoulent dans la mer; dans le second, la mer pénètre dans le lac.

La quantité d'eau déversée par les nombreux cours d'eau descendant de la chaîne centrale est variable suivant les saisons; en outre, depuis le déboisement imprévoyant de tout le nord de la Suède, l'écoulement est plus rapide et il entraîne une quantité de matières meubles qui s'accumulent au fond du golfe.

D'après un nivellement de précision, exécuté en 1875 par le service topographique allemand sur les côtes de Poméranie, il résulterait que le niveau de la mer Baltique serait de 50 centimètres plus élevé à Memel qu'à Kiel[1].

1. *Eckernford; Mitteilungen* von Petermann, 1875, p. 229.

Exhaussement de la péninsule d'après les traces géologiques et la faune des lacs intérieurs. — L'abaissement du niveau de la Baltique et par conséquent l'élévation générale de la péninsule sont indiqués par les traces d'érosion et l'accumulation des débris provenant de l'action de la mer. On rencontre en Suède, et même en Finlande, des collines d'une longueur considérable, dont les différents tronçons se retrouvent dans le même alignement. Très régulières dans leur sens longitudinal, mais indépendantes du relief général du pays, elles suivent généralement les vallées et conservent une direction unique dans la ligne nord-sud, c'est-à-dire parallèlement à la déclivité du littoral de la Baltique. Si l'on enlève l'épaisse couche d'humus, on découvre un amas de sable et souvent de cailloux roulés, d'où leur nom : *sand äsar*, collines de sable, et *rullstens äsar*, collines de pierres roulées. Elles reposent sur un roc vif de calcaire silurien recouvert en partie de sable argileux, surmonté lui-même d'un lit de gravier stratifié. Le noyau central est composé d'une masse de cailloux roulés, au-dessus de laquelle on rencontre une enveloppe de sable à stratifications bien caractérisées et remplies de débris coquilliers. On a reconnu dans les ăsars des environs de Stockholm des couches de coquilles marines pareilles à celles qui vivent actuellement dans la Baltique. Sur les bords du lac Malar, près Eukoping, on peut suivre un cordon ou ăsar de 300 à 400 kilomètres de long, orienté nord-sud, uniquement composé de galets.

Ces curieuses formations ont été diversement commentées par les géologues. Le professeur suédois Erdmann a considéré les ăsars comme ayant été formés le long de la côte; ils seraient de véritables cordons littoraux, amoncelés par le choc des vagues; dans leur parallélisme, ils représenteraient les limites successives aux temps géologiques. Ils seraient un indice frappant des variations considérables de la Baltique. Après la période glaciaire, le niveau aurait été plus bas qu'aujourd'hui; il se serait ensuite élevé et aurait dépassé celui qu'il occupe actuellement. Puis enfin il aurait atteint, entre ces deux limites extrêmes, celui où il se trouve. Les dénivellations auraient été soumises à des mouvements d'une intensité très variable.

Une théorie toute différente, et cependant basée

sur les dénivellations, a été émise par M. Tœrnbœhn; pour lui, les äsars sont des lits désséchés d'anciens torrents glaciaires; pendant une première période, le sol a été recouvert de glace; la température s'élevant insensiblement, la fonte des glaces donna naissance à de nombreux torrents, qui creusèrent leur lit dans le sable; mais le sol s'affaissant peu à peu, la mer pénétra dans les vallées et l'action de la vague entraîna le sable, qui la remplit, en laissant parfois subsister des lambeaux sur les pentes des montagnes; lorsque ces lambeaux sont recouverts par une autre dénivellation de la mer, les dépôts de sable et de coquilles s'effectuent, mais à une nouvelle émersion du sol, les ăsars reparaissent, se dirigeant en général suivant les vallées.

Ces traces, laissées dans l'intérieur de la Suède, indices du séjour des eaux de la Baltique, permettent de supposer que son bassin était beaucoup plus étendu qu'il ne l'est aujourd'hui. La nappe d'eau se réunissait directement au Kattégat, peut-être par quelques-unes des ouvertures actuelles, mais probablement aussi par les lacs Wenern et Wettern. « La partie de cette mer, a l'est et au nord, d'une ligne tirée de la Scanie à l'île de Rugen, était jadis une mer glaciaire alors en communication avec la mer Blanche dont elle avait aussi la faune. Les coquilles fossiles aux alentours de Stockholm et d'Upsala le prouvent. Lorsque le passage qui unissait les deux mers fut bouché, l'eau douce prit le dessus dans la mer Baltique, la faune arctique y périt, et les animaux des rivières se répandirent dans la mer; en même temps, peut-être plus lentement, une partie de la faune de la mer du Nord pénétra dans la Baltique [1]. »

Les lacs Wenern et Wettern n'étaient pas des lacs d'eau douce comme aujourd'hui, mais de vastes détroits d'eau salée serpentant d'une mer à l'autre; le soulèvement de la péninsule changeant le niveau de la mer, ces bassins se changèrent en lacs fermés, où insensiblement l'eau douce descendant des versants environnants, se mélangea tellement à l'eau salée, que cette dernière finit par disparaître. La plupart des animaux périt; quelques-uns seulement, plus résistants, finirent par s'acclimater; ceux qui ont persisté sont les derniers témoins de l'ancienne

1. Löven, Torrell.

hydrographie de la péninsule. Le dessalement s'est fait d'abord à la surface ; des sondages, exécutés dans le lac Malar, ont permis de constater que l'eau devient salée dans certaines parties plus profondes [1].

Cette observation sur l'exhaussement d'une région, d'après les représentants encore vivants de la faune marine dans le fond des lacs d'eau douce, n'est pas unique. Les draguages exécutés en 1873 par M. Hoy dans le lac Michigan, à vingt ou trente kilomètres de la ville de Racine, ont amené des mollusques de formes marines. Les grands lacs américains auraient communiqué, comme ceux de la péninsules scandinave, avec l'Océan, et se seraient successivement élevés, pendant que l'eau salée se serait lentement transformée en eau douce, restant toujours au fond en vertu de sa pesanteur spécifique.

La région lacustre de Finlande a participé au mouvement d'exhaussement de la péninsule ; on a dragué, dans le lac Ladoga, des crustacés et des poissons d'origine marine [2]. Le mouvement se continue encore d'une façon ostensible. « On a calculé, au

1. Erkman.
2. Fr. Schmidt, *Bull. de l'Acad. des sciences de Saint-Pétersbourg.*

moyen de repères fixés sur des rochers baignés par la mer, que cette élévation est d'environ 1 mètre par siècle sur les côtes du golfe de Bothnie, en même temps qu'au Gvarken, et de 0m,06 sur celle du golfe de Finlande [1]. A Lirela, près Wasa, la mer s'est retirée de trois kilométres. Le château d'Abo, bâti aux commencement du siècle, sur le bord même de la mer, est maintenant à 3m,14 au-dessus de son niveau moyen [2]. Les relevés hydrographiques de 1860 ont révélé la présence de nombreux bancs inconnus au commencement du siècle. Dans le lac Ladoga, l'île de Konevez, qui est près de l'entrée orientale du lac, s'est éloignée de deux cent quarante pas de ce point dans l'espace de cinq ans [3]. Ainsi, les lacs Onéga et Ladoga semblent avoir communiqué avec la Baltique et même avec la mer Blanche. De son côté, le golfe de Bothnie se viderait dans le bassin méridional de la Baltique; d'où il résulterait, dans la suite des âges, qu'il finirait par se changer en lac d'eau douce, comme le sont actuellement les lacs Wenern et Wettern.

1. Ignatius, *Le grand duché de Finlande*.
2. Hahn.
3. Hahn.

Les côtes basses de la Poméranie sont aussi soumises à un mouvement ascendant contemporain [1]. Mais, d'après le géologue Brendt, il existerait sur ces rivages les traces de quatre oscillations alternantes. Les fouilles et draguages entrepris dans le Haff de Courland, pour la recherche de l'ambre, ont mis à jour d'anciennes forêts superposées et des tourbières situées en contre-bas de la mer, alternant avec des alluvions marines exhaussées. Tous ces indices réunis sont favorables à l'hypothèse de mouvements compliqués à tout le bassin de la Baltique.

Mais l'exhaussement paraît prédominer non seulement dans toute la péninsule, mais dans tout le nord de l'Europe, si l'on en juge d'après les traces découvertes sur les bords de l'Océan glacial. Il s'étendrait même jusqu'au littoral de la Sibérie, si on le compare avec le delta des grands fleuves, encombré d'amas de bois flottés situés au-delà du niveau actuel des hautes eaux. « Du premier coup d'œil on peut voir que les couches sont principalement formées de masses de sable et de limon qu'amènent

1. Schumann.

les fleuves de Sibérie. Toutefois, la *toundra* [1] n'est nullement une formation ordinaire de delta; de nombreux coquillages de mer, mêlés au sable, prouvent que la toundra a été autrefois submergée et que par conséquent une importante élévation du sol s'est produite pendant la période géologique la plus récente. En effet, les coquillages enfoncés dans le sable appartiennent à toutes les formes vivantes draguées dans la mer de Kara. Ces formes se retrouvent dans les bancs de coquilles port-glaciaires d'Uddevalla et du golfe de Christiania, aussi bien que dans les formations du crag de l'Angleterre [2]. »

1. Vastes plaines situées entre la zone des forêts et la mer glaciale; dans les parties septentrionales, le sol y est perpétuellement gelé.

2. Expédition suédoise de 1876 au Yénisséi. Rapport de M. Nordenskjold.

IX

LES DIFFÉRENTES THÉORIES GÉNÉRALES

La déviation de l'axe terrestre. — Les lois de la gravitation de notre planète sont en grande partie connues par une série de données précises. Mais comme l'origine du globe reste obscure, on a recherché si la flexibilité de l'écorce terrestre ne doit pas l'ensemble de ses transformations, à des lois cosmographiques concernant la distribution des poids sur sa surface. Selon R. Mallet, le noyau de la terre se contracterait et « pour y demeurer constamment, l'écorce solide devrait s'abaisser dans son ensemble en subissant dans toutes les parties un écrasement qui se transformerait en chaleur. »

La forme du sphéroïde terrestre n'est pas parfaite, présentant aux pôles un léger aplatissement, attribué par certains auteurs à la force de rotation. Si l'axe de la terre est fixe, les lois mécaniques de la gravitation ont dû être toujours les mêmes ; mais certains indices des variations de l'excentricité de l'orbite terrestre permettraient de faire intervenir, dans les transformations superficielles, des lois dynamiques ayant rapport avec la mécanique céleste.

Il résulterait des recherches de sir William Thomson que l'écart actuel entre l'axe instantané de rotation de la terre et l'axe principal d'inertie, est à peu près négligeable dans une première approximation ; mais il ajoute : « Nous pouvons non seulement admettre, mais affirmer, comme éminemment probable, que l'axe principal d'inertie et de rotation du globe, toujours très voisins l'un de l'autre, ont pu, dans les temps anciens, avoir une position géographique très différente de celle actuelle, et peut-être déplacée de 10, 20, 30, 40 degrés et plus. » Cette opinion a été émise aussi par M. George Darwin.

Le colonel A. Drayson aurait découvert [1] que la terre tourne une fois pendant le cours d'une année sur un second axe qui ne coïncide pas avec la rota-

1. *Exploration*, XIIe vol., 2e sem.

tion diurne. Ce mouvement serait dû à la prépondérance de la terre sur l'eau dans l'hémisphère septentrional et à la masse solide de l'Asie, de l'Europe et de l'Afrique d'un côté du globe; c'est pourquoi le centre de gravité de ces hémisphères ne coïncide pas avec son centre et ne se trouve pas dans le plan de l'équateur.

M. Twisden a fait une démonstration des conséquences qui résulteraient d'un déplacement de 20° dans l'axe des pôles. Il donnerait lieu à des soulèvements dépassant de beaucoup la hauteur des montagnes les plus élevées; il faudrait alors un transport de matériaux équivalant au moins à la sixième partie du renflement équatorial. Si un déplacement de ce genre se produisait, il en résulterait une marée qu'il croit capable d'atteindre deux fois la profondeur de l'Océan; les continents seraient alors submergés [1].

Malgré certaines contradictions apparentes entre les différentes hypothèses, il existe cependant des indices en faveur du déplacement de l'axe de rotation.

1. *Trans. of the geol. society*, février 1876.

M. Newcomb a constaté, d'après la théorie de la lune, des irrégularités sur le mouvement diurne; en 1860 et 1862, il aurait retardé de sept secondes, tandis qu'en 1872, il aurait avancé de huit secondes. « La mécanique nous apprend que dans le mouvement relatif d'un corps, la vitesse de rotation n'est constante qu'autant que l'axe est lui-même permanent. Si donc l'axe de la terre se déplace, la vitesse angulaire et, par suite, la durée du jour doit varier. C'est en effet ce qui a lieu. Les travaux d'Adam et de Delaunay ont établi que depuis le 19 mars 721 (av. J. C.), jour où une éclipse fut observée à Babylone, « commençant une heure après que la lune fut entièrement levée », la terre a perdu un peu plus de 1/300,000,000e de sa vitesse augulaire, de telle sorte qu'à la fin d'un siècle la terre serait en retard de vingt-deux secondes sur un chronomètre parfait[1]. Peters, en discutant les nombreuses observations de l'étoile polaire, avait déjà déduit de ses comparaisons que l'axe des pôles décrit un petit

1. A. de Lepparent, Ext. de la *Revue des quest. scientif.*, Louvain, 1877.

cercle ou une ellipse dont le diamètre a quelques mètres seulement; jusqu'ici ce résultat n'a pas été contrôlé.

Jules Péroche, suivant les idées de M. Ewans, admet que le globe est composé d'une croûte solide et d'un intérieur fluide; que les attractions qui déterminent le mouvement de précession des équinoxes agissent sur le renflement équatorial du globe, produisant un glissement de la croûte terrestre sur le noyau liquide par le recul de la portion solide; dans ce glissement, les pôles auraient une situation instable. L'auteur croit même pouvoir définir la trajectoire polaire. « Le pôle nord décrirait une circonférence d'un rayon de 15° dont le centre tomberait dans la baie de Baffin. Le pôle sud décrirait un cercle antipodal au cercle du pôle nord. Les pôles emploieraient environ 1,200,000 années pour chaque révolution; actuellement le pôle nord irait s'écartant de l'Europe. »

La solution de M. J. Péroche, quoique un peu hâtive, s'appuie sur les écarts des observations de latitude et sur les calculs de Stow et de James Croll, relatifs aux variations de l'excentricité de l'orbite terrestre. J. Adhemar avait préalablement expliqué les phénomènes qui modifient la surface du globe, d'après la précession des équinoxes[1]. Cette révolution s'effectuerait en 26,000 ans à peu près. Ces changements suffiraient pour déplacer le centre de gravité de la terre et entraîner la masse des eaux répandues sur la surface vers celui des pôles où les glaces sont accumulées par suite de la différence de durée des hivers.

M. Waters, appréciant l'amplitude des effets que pourrait produire l'accumulation des produits de l'érosion, leur attribue un rôle dans la gravitation du globe. Il se fonde sur une évaluation de Mellard Reade qui, dans son calcul, porte seulement à une tonne la quantité des matières entraînées en une année sur chaque kilomètre superficiel. D'après cette base, les continents perdraient 5,000 millions de tonnes par an, soit en dix ans un poids égal à celui du Vésuve; comme il y a dans l'hémisphère nord plus de terre que dans l'hémisphère sud, il en résulterait pour ce dernier un gain annuel d'environ

1. *Les Révolutions de la mer*, 1855.

4,300 tonnes; l'équilibre serait ainsi constamment troublé et l'axe de la terre aurait des positions différentes[1].

Suivant M. Duponchel, l'attraction solaire serait une déformation du globe. « L'inégalité d'attraction solaire sur le centre et la surface de la terre, qui détermine l'oscillation de la marée solaire et plus généralement produit une réduction dans l'intensité de la pesanteur en chaque point du globe, n'est pas semblable en tous lieux et en toutes saisons. Toutes choses égales d'ailleurs pour deux parallèles, qui distantes de l'équateur dans les deux hémisphères, la composante verticale de la marée est relativement plus grande pour celui des deux parallèles qui se trouvent dans le même hémisphère que le soleil... Il y a en somme, une dépression générale d'un côté, renflement équivalent de l'autre; sans que l'observation directe, faute de points de repère immuables, nous permette d'embrasser un mouvement absolu de l'écorce terrestre, dont nous ne pouvons constater que les déplacements relatifs, résultant de l'inégalité de

1. *Trans. of the Manchester Philos. Soc.*, XVI.

poids et de pressions qu'ils supportent sur leurs diverses faces[1]. »

Le globe serait soumis, suivant le Dr Jules Carret[2], à trois actions qui tendent à l'aplatir et à le renfler à l'équateur : « Dès le commencement de la rotation, la surface des mers se rapproche de l'ellipsoïdale... La deuxième action est une déformation de la masse terrestre opérée dans le même sens que la déformation des mers... La troisième action, lente à s'accomplir, consiste dans l'érosion des terres restées en saillie vers les pôles et le comblement des profondeurs marines équatoriales. »

Le même auteur considère qu'il existe un certain nombre d'arguments en faveur de la variation de l'axe de la terre, dont voici les principaux :

1° Les terres immergées ne sont pas réparties avec égalité dans les diverses zones du globe; elles sont plus rares entre les tropiques qu'aux pôles. Si l'axe est fixe, l'existence des continents polaires est difficile à expliquer; s'il se déplace, il est naturel

1. *Bull. de la Soc. de Géogr.*, août 1877.
2. *Bull. de la Soc. de Géogr.*, novembre 1876.

que la proportion des terres soit plus grande dans le voisinage des pôles ;

2° Les formes compliquées de la surface ne s'expliquent ni par la rotation d'une masse liquide ni par la rotation d'une masse solide suivant un axe fixe. Elles semblent indiquer une variation dans la position de l'axe ;

3° Les antipodes sont disposées d'une telle manière qu'elle ne peuvent être l'effet du hasard ;

4° Parmi les hypothèses émises pour expliquer les phénomènes glaciaires, le déplacement de l'axe paraît le plus admissible ;

5° Les fossiles découverts dans les régions polaires démontrent qu'à l'époque où prospérait cette flore et cette faune des pays arctiques, le pôle n'occupait pas la place qu'il a aujourd'hui ;

6° La parenté des espèces fossiles prouve que les zones propres aux divers climats n'ont jamais été anéanties et que seulement elles se sont déplacées à la surface de la terre.

Les recherches exécutées pendant ces dernières années dans les régions arctiques ont mis à jour des débris de plantes et d'animaux dont les congénères appartiennent actuellement aux latitudes intertropicales.

Le déplacement de l'axe de la terre serait prouvé, d'après Oswald Herr, par cette filiation et ces enchaînements qui rattachent la flore de la zone tempérée à celle de la zone arctique, observée au début des temps miocènes. Le savant professeur s'est basé sur les aptitudes des espèces les mieux déterminées et les plus proches alliées de celles qui vivent encore ; il a même établi le climat probable des terres polaires à cette même époque. La moyenne annuelle devait être de 9 à 10° C. Mais à côté de cette observation, il fait remarquer qu'au Spitzberg il y a une différence proportionnelle à la latitude, qui se manifeste par l'absence complète des dicotylédonées. La moyenne annuelle nécessaire à leur vie est celle de la zone intertropicale. D'après l'aptitude de ces espèces, la chaleur devait se maintenir en moyenne à 25° C. « Les terres de cette zone, au moment où une partie de leurs secrets nous est révélée, formaient sans doute une vaste région, peut-être même un seul continent ; la puissance des formations d'eau douce semble l'annoncer. Ces terres étaient en même temps travaillées par des feux intérieurs, exposés à d'incessantes éruptions... Ce n'est pas dans les phénomènes éruptifs qu'il convient de rechercher la vraie cause de la disparition de la flore arctique tertiaire. Cette cause dépend uniquement du climat... A mesure que ce mouvement éliminatoire faisait des progrès, les glaciers, dont l'extension a été si grande en Europe vers la fin du tertiaire, ont dû s'accroître et descendre des hauts sommets, et finalement tout envahir et tout effacer[1]. »

L'extension et le retrait des glaciers. — Doit-on rapporter les phénomènes de soulèvement et d'affaissement aux évolutions de la période glaciaire? Le sommet des montagnes a-t-il toujours été couvert de neige, comme nous le voyons maintenant? Si l'on admettait que les eaux de la mer eussent baissé successivement, il en serait résulté un pareil abaissement de la couche d'air atmosphérique. Au moment où les Océans auraient occupé une surface beaucoup

1. G. de Saporta, *Mém. Congrès intern. des sciences Géog.*, Paris, 1875.

plus considérable, le niveau de l'atmosphère se serait trouvé en contact avec celui des eaux qui alors, étaient beaucoup plus étendues. Alors, la raréfaction de l'air se serait produite en raison des élévations et les sommets auraient subi un refroidissement correspondant.

M. Ch. Martin a évalué que dans notre Europe moderne un simple abaissement de 4° dans la moyenne thermométrique annuelle suffirait pour reproduire à la longue les effets de la période glaciaire ; d'après cette base, la moyenne des côtes occidentales de France aurait eu à descendre de 12°, à 8°,3.

L'extension des glaciers peut aussi s'expliquer sans recourir à des changements généraux de température. C'est moins un abaissement de température moyenne qu'une diminution de la température estivale et l'augmentation de l'humidité qui donnent actuellement lieu à l'extension des glaciers[1]. Or, les nombreux dépôts de terrain quaternaire qui existent dans les déserts du Sahara prouvent que, pendant cette

1. J.-J. d'Omalius d'Halloy.

période, une partie de cette vaste région était couverte d'eau et ne pouvait par conséquent s'échauffer aux rayons du soleil, de sorte que les vents du midi, qui exercent actuellement une si grande influence sur la température relativement élevée de l'Europe, devaient être plus humides et moins chauds qu'ils ne sont actuellement. Le climat général devait donc être en Europe, pendant la période quaternaire, beaucoup plus humide qu'il ne l'est actuellement, et avoir quelque ressemblance avec celui de l'hémisphère austral, où les glaciers atteignent le niveau de la mer par 46°, 40' de latitude.

L'abaissement et l'élévation du sol donnent également un moyen très simple de concevoir le développement et le retrait des glaciers ; puisque plus les montagnes sont élevées sur une même latitude, plus il s'accumule de neiges perpétuelles.

M. Charles Grad établit que, par suite du mouvement cosmique, la distribution de la chaleur à la surface de la terre subit une variation très régulière et périodique, variation qui augmente ou diminue avec les glaciers. A ces oscillations glaciaires, correspondent des mouvements du sol ou mieux des déplacements des nappes liquides à la surface du sol.

Les anciens glaciers ont laissé des traces dans tout le centre de l'Europe, si l'on en juge d'après la présence des blocs erratiques et des anciennes moraines. Ils atteignaient même les côtes de France, comme à l'époque actuelle ils existent dans l'hémisphère austral sous des latitudes correspondantes, mais beaucoup plus froides. A l'extrémité du Finistère, dans la petite anse de Kerguillé, il existe, près des falaises de schiste silurien qui bordent cette baie, une digue naturelle de 10 mètres de haut, constituée par des galets variés reconnus pour appartenir à toutes les roches de la Bretagne[1]. Cet amas peut s'expliquer en admettant qu'il s'est formé sur les côtes et dans les rivières de Bretagne, des glaçons de charriage analogues à ceux qu'on voit dans la Baltique. A cette époque, les blocs erratiques venus du nord devaient aussi s'échouer sur les côtes de la Manche. Une digue de même nature que celle de Kerguillé existe encore plus au nord sur cette même côte du Finistère[2].

1. M. Ch. Barrois.
2. De la Frugelaye (1811).

Nous avons examiné sur la côte du Cotentin, non loin du cap de la Hague, au lieu dit de la Rue de Beaumont, une ancienne moraine glaciaire de 8 mètres de haut, située à l'entrée d'un vallon; elle s'étendait le long de la grève sur une longueur de 80 à 100 mètres; elle consistait en un amas de blocs et fragments de schiste aux arêtes vives, noyés dans une gangue de sable et de boue glaciaire. La mer reprend aujourd'hui cette agglomération d'un autre âge et transforme ces débris en galets.

L'affaissement des continents sous le poids des glaces est une théorie qui a prévalu en Angleterre pendant ces dernières années ; le soulèvement du sol après la fonte des glaciers en serait naturellement la contre-partie. M. Ch. Rickett[1], dans son examen sur les « causes de la période glaciaire », a cherché à démontrer que l'élévation du sol de la Norwège est une conséquence de la diminution de pression exercée à la suite de la fonte des glaciers des Alpes Scandinaves; il rapproche ce fait de l'exhaussement de la Cordillière des Andes, qui serait pareillement due à

1. *British Association*, Bristol, 1875.

cette disparition de surcharge. Le Rev. O. Fisher[1] dit que les dépôts coquilliers découverts dans les hautes régions de la péninsule scandinave ne peuvent s'expliquer que par un exhaussement du sol à la suite de la fonte des glaciers; il fait remarquer que l'effet contraire s'est produit au Groënland, qui renferme les plus grands glaciers connus; il s'affaisse sous le poids de la neige augmentant progressivement; il estime cet affaissement à six ou sept pieds par siècle. M. Searles V. Wood[2] confirme le fait, se basant d'après des repères consistant en vestiges d'habitations construites il y a de deux à trois siècles, dans les colonies danoises, dans des localités inaccessibles aux glaciers; aujourd'hui elles ont disparu sous l'envahissement des glaces. La même opinion a été émise par M. S. Starkie Gardener[3]. Mais le promoteur de cette doctrine de plus en plus developpée fut M. T. F. Jamieson[4], qui part du principe de la flexibilité de l'écorce terrestre supportée par un noyau

1. *Physics of Earth crust.*
2. *Geol. Magazine*, juillet 1883.
3. *Geological Magazine*, juin 1881.
4. *Quart. Journ. géol. sciences*, vol. XXI, 1865.

de matières en fusion. L'accumulation des glaces, les matières rejetées par les volcans et les alluvions sont autant de causes de perturbations de l'équilibre terrestre. Cette manière d'envisager la question a été rejetée par M. Young, d'après lequel les roches ne céderaient pas à la pression ; car si la pression n'existait pas, ces roches fondraient.

Ce n'est du reste que lorsque nous posséderons de très longues séries d'observations suffisantes sur la météorologie des hautes régions et sur les mouvements des divers glaciers, que nous pourrons relier d'une manière certaine les différents phénomènes et rechercher dans le passé l'origine des variations modernes de la longueur et de l'étendue des glaciers [1].

Influence barométrique. — Puisque la pression atmosphérique exerce une influence sur les nappes d'eau d'une certaine étendue, cette action peut-elle aussi se faire sentir sur les continents? G. Darwin a

1. F. A. Forel, *Terzo Cong. géog. internationale.* Venise, 1881.

démontré, dans un mémoire à l'Association Britannique, que les dépressions du sol, comme ses vibrations, étaient une conséquence des variations barométriques et que leur maximum peut se rattacher aux marées élastiques de la croûte terrestre et, dans certains cas, avoir un caractère de périodicité comparable à celle des marées de l'Océan.

On pourrait assimiler l'effet de la pression à ce qui se produit sur la croûte saline qui recouvre l'eau sous-jacente des Chotts tunisiens; un vent violent fait suffisamment onduler ce sol factice pour que le voyageur le sente manquer sous ses pas.

Bertelli avait annoncé, en 1870, qu'il avait perçu à Florence, au moyen du baromètre, le tremblement de terre qui bouleversa la Romagne. Ce fut le point de départ d'une série d'observations microsismiques, qui aboutirent à la constatation de ce fait que la plupart des tremblements de terre étaient précédés de l'abaissement du baromètre. D'après Bertelli, qui fit une série de cinq mille cinq cents observations, « l'intensité de ces mouvements augmente avec l'abaissement de la colonne barométrique, comme si les masses gazeuses emprisonnées dans les couches superficielles du globe s'échappaient plus aisément quand le poids de l'atmosphère diminue[1] ».

Cette particularité fut le point de départ de recherches sur les relations qui semblaient exister entre les commotions du sol et les écarts de la colonne barométrique. Pendant la durée de celles qui se sont produites dans le midi de la France, dans la nuit du 27 au 28 novembre 1884, la pression avait été fort élevée pendant un temps très long et avait fini par dépasser 770 millimètres. Subitement elle faiblit à 745, et c'est précisément à ce moment que le sol fut agité. Est-ce une coïncidence fortuite ou un fait déterminant? M. Laur suppose que les gaz comprimés dans les régions souterraines se sont tout à coup dégagés au moment de la baisse du baromètre; ne serait-ce pas leur sortie qui aurait secoué la terre?

Cette théorie a été réfutée par M. Jamin[2], qui fait nettement ressortir l'impossibilité d'une action barométrique. « Admettons, dit-il, que les gaz souterrains soient confinés dans un réservoir situé à 1,000 mètres

1. *C. rendus de l'Acad. des sciences*, 15 mars 1875.
2. *C. rendus de l'Acad. des sciences*, 19 janvier 1885.

de profondeur et soutenant par leur force élastique le toit rocheux auquel, pour simplifier, nous attribuons une densité de 1,3. La pression de ces gaz, convertie en mercure, sera de 100 mètres, ou, si l'on veut, de 100,000 millimètres. N'est-il pas évident qu'une pression barométrique aussi intense qu'on voudra sera absolument insignifiante à son égard?

Quoique la relation entre les mouvements du sol et les perturbations atmosphériques soit mal définie, il a cependant été constaté qu'au moment du tremblement de terre du 25 décembre 1884, qui a ravagé l'Andalousie, l'atmosphère a été ébranlée fortement par une ondulation; on a remarqué dans tout le midi de l'Espagne une baisse subite du baromètre, accompagnée d'une élévation de la température. Pendant les deux jours qui ont suivi le phénomène, la colonne barométrique a éprouvé de fortes oscillations.

Les variations de température combinées avec les différences de pression atmosphérique auraient une certaine influence sur la déformation de la terre et, par conséquent, sur les mouvements du sol. M. F. Diaz

Covarrubias résume ainsi les calculs qu'il a faits sur ce sujet : « L'ensemble des mesures géodésiques exécutées jusqu'à ce jour, les moyennes générales des observations barométriques faites au niveau de la mer et celles des observations régulières du baromètre, semblent indiquer que l'action de la chaleur solaire n'est pas insensible à la surface du globe comme cause de dilatation... Les oscillations diurnes et régulières de la pression atmosphérique et leur décroissement de l'équateur aux pôles seraient explicables par l'action variable du soleil sur le sol, ou, en d'autres termes, ce phénomène s'accomplit comme si les alternatives d'échauffement et de refroidissement du sol produisaient de petites élévations et dépressions de la surface terrestre, soit une légère oscillation dans le sens vertical[1]. »

Mais, jusqu'à ce que des observations précises puissent être faites, il est plus rationel de considérer avec M. Virlet d'Aoust comme inadmissibles les théories qui prétendent que les mouvements brusques et lents du sol sont dus en partie aux dépressions

1. F. Diaz Covarrubias, *Recherches relatives à l'influence de la chaleur solaire sur la figure générale de la terre*, 1881.

atmosphériques ou aux attractions combinées du soleil et de la lune; ces effets sont trop faibles pour provoquer des mouvements, même superficiels, de la surface de la terre.

TABLE DES MATIÈRES

ANGERS, IMPRIMERIE BURDIN ET Cie, 4, RUE GARNIER.

CHÈVREMONT (Alexandre)

LES MOUVEMENTS DU SOL

Sur les côtes occidentales de la France et particulièrement dans le golfe normanno-breton.

Ouvrage honoré d'une récompense par l'Académie des sciences et d'un rapport favorable de M. Alfred Maury, de l'Académie des inscriptions et belles-lettres.

Un beau vol. in-8, illustré de 14 planches en couleur.......... 15 fr.

« Voici un travail sérieux pour la composition duquel l'auteur a appelé à son aide deux sortes de preuves : les unes d'observation, le naturaliste les a réunies de manière à entraîner la conviction, et l'Académie des sciences a honoré son travail d'une récompense ; les autres historiques, l'érudit s'en est acquitté avec tant de bonheur, que M. Alfred Maury, de l'Académie des inscriptions et belles-lettres, leur a consacré un rapport favorable.

« Contribution de la plus haute valeur pour le géologue et le géographe aussi bien que pour l'historien à l'étude des révolutions naturelles de la surface du globe. » (*Mittheilungen de Gotha.*)

« Cet ouvrage présente un grand intérêt pour le savant qui s'occupe du passé et de l'avenir de notre sol. » (*Les Mondes.*)

« Livre très précieux pour l'histoire des côtes de la péninsule bretonne. » (*Le Temps.*)

« Il est des soulèvements et des abaissements du sol qui se font d'une manière si lente et si insensible pour une observation superficielle, qu'il faut, pour les apprécier et les mettre en lumière, un travail considérable où l'histoire et la géologie sont invoquées à la fois. Ce travail, M. A. Chèvremont vient de le faire pour les mouvements de deux grandes presqu'îles françaises, la normande et la bretonne. » (*République Française.*)

Baron J. DE BAYE

L'ARCHÉOLOGIE PRÉHISTORIQUE

Un beau vol. in-8, pittoresque, avec pl. hors texte et nomb. grav. sur bois. 20 fr.

Epoque tertiaire. — Epoque quaternaire. — Les transitions entre les deux époques de la pierre. — Epoque néolitique. — Grottes artificielles. Grottes à sculptures. — Trépanation préhistorique. — Les sépultures, etc.

Paul MOUGEOLLE

STATIQUE DES CIVILISATIONS

In-8, illustré.................................... 5 fr.

Henri GAIDOZ

ÉTUDES DE MYTHOLOGIE GAULOISE

Le Dieu gaulois du Soleil et le Symbolisme de la Roue.

In-8, avec une planche et 26 figures.................. 4 fr.

Ed. FLOUEST

ÉTUDES D'ARCHÉOLOGIE ET DE MYTHOLOGIE GAULOISES

In-8, avec 19 planches.......................... 6 fr.

E. DE SAINTE MARIE

MISSION A CARTHAGE

Ouvrage publié sous les auspices du Ministère de l'Instruction Publique.

Gr. in-8, illustré de 400 dessins inédits.................. 15 fr.

ANGERS, IMPRIMERIE BURDIN ET Cie, 4, RUE GARNIER.

www.ingramcontent.com/pod-product-compliance
Ingram Content Group UK Ltd.
Pitfield, Milton Keynes, MK11 3LW, UK
UKHW012028240726
13965UKWH00002B/650